詹姆斯·艾伦
James Allen

东方丛书

原因与结果的法则 I：

一个男人的沉思

[英] 詹姆斯·艾伦 著

珞珈人 李淑华 译

人民东方出版传媒
People's Oriental Publishing & Media
东方出版社
The Oriental Press

目录

第一部分
一个男人的沉思

第二部分
安静地思考

第一部分

一个男人的沉思

这本小册子（冥想与经验的结果）充分论述了思考的力量，但我并不希望将这一主题作为一个完整的论文来加以论述。

与其说是论述，毋宁说更富于暗示性，本书的目的就在于激励人们去发现和理解这样一条真理："人是自身的创造主。"这一真理的诞生全仰赖于一种伟大的力量——人自身选择和孕育的思想。心灵就如一名编织大师，它不仅编织性格内衣，还同时编织环境这件外衣。我希望那些还彷徨在无知和痛苦中的人，从此以后能够用快乐与幸福编织自己的人生。

——詹姆斯·艾伦

第一章

思想与性格

弟兄们，我还有未尽的话。凡是真实的、可敬的、公义的、清洁的、可爱的、有美名的，若有什么德行，若有什么称赞，这些事你们都要思念。

——腓利比书[1]

"他的一切，都是他的思想的表现。"这句格言不仅概括了一个人生命的全部，而且还涵盖其生活中的每一种情形和环境。确切地说，一个人的行为就是他思想孕育出的果实，他的性格是他全部思想的总和。

正如植物发芽于种子而不能从天而降一样，人的每一种行为都发端自隐秘于内心的思想的种子。没有思想的种子就不可能出现人的行为。这一真理不仅适用于那些被称作"冲动的""未经思虑的"行为，也适用于那些谋定而后动的行为。

行为是思想的花朵，欢乐和痛苦是它的果实。因

1　腓利比书:《圣经全书》中第 50 本书，是使徒保罗写给腓利比的基督徒的一封书信。

此不论遭遇苦涩还是收获甘甜，那都是你自己耕耘的结果。

> 头脑中的思想造就了我们
>
> 我们的存在与成形
>
> 无一不是思想的体现
>
> 假如你心存恶念
>
> 那么痛苦将降临在你身上
>
> 就如驾辕之牛后的车轮，如影随形
>
> 假如你心地纯洁高尚
>
> 欢乐将随你而来，相伴永生

人的一生是依据某种确切无疑的法则来运转的，无论使用何种策略都不可能改变这一法则。不论是在有形的物质世界，还是在无形的思想王国，原因与结果的法则都是绝对的、不可动摇的。高尚的品格不源于上帝的恩赐或幸运的惠顾，而是秉持正确的思想不懈努力的自然结果，是与高尚的思想长期交融的结晶。卑鄙与兽性则与此相反，它们是在邪恶的思想中发芽的。

命运就在你的手中

✥

　　人是由他自己制造或者毁灭的。思想就如一座兵工厂，有的人在这里铸造用来毁灭自己的武器，有的人则制造工具，为自己建造快乐、力量与安宁的神圣殿堂。合理选择与正确运用思想，人则升华如天使；相反，滥用和错误地运用思想，他则堕落如禽兽。在这两种极端中间，还存在着不同层次的思想与品格，而不管哪一种，人都是它们的制造者和拥有者。

　　在所有与心灵相关的美好真理当中，没有哪个比这一真理更令人喜悦、更能结出承诺与信赖的神圣果实，那就是：人是思想的主人，是性格的塑造者，是各种条件、环境和命运的创造者。

人是思想的主人

❖

作为有力量、智慧和爱情的生物，人是思想的主人，掌握着开启每一种环境的钥匙，并且拥有使自己转化与重生的力量，依靠它，人可以按照自己的意愿塑造自己。

人永远都是自己的主宰。当他最虚弱和最堕落的时候，他是迷失自己的愚蠢的主人，但当他对此情形开始反省并在他生命赖以建立的法则当中勤勉探索时，他就变成聪明的主人。明智地管理自己的能力，并将自己的思想转化为硕果累累的人生，这才是睿智的主人。人只有通过自身发现思想的法则，才能成为这样的主人。这种发现是指人如何运用自己的思想，分析自我，又如何去活用自己的经验。

真理就在你心中

✦

　　只有经过长时间的勘探和大量的挖掘才能找到金子和钻石。同样，人只有挖掘到他心灵矿藏的深处才能够发现与他生命相关的每一个真理。人是自己性格的塑造者、人生的设计师、命运的规划者，是自己的主宰。人们只要凝视、控制和改变自己的思想，反思思想对自己、对他人以及对自己的生活与环境的影响，就能证明这一结论绝非妄言。同时，只要人们通过耐心的调查，结合原因与结果的法则，无论何种微不足道的日常琐屑都不惜运用自己的一切经验去面对，这一真理也同样会得到证明。这也是获得知识，亦即理解力、智慧和力量的手段。

　　人需心无旁骛，一心向前。"只有探索的人才会有所发现。只有叩门的人，大门才会向他敞开"，这是一条绝对的法则。因为，只有通过耐心、实践和永不休止的探求，人才能踏进知识殿堂的大门。

第二章

思想与环境

> 无论善事与恶行，滋生它们的是你的心灵。带来的结果则是幸福与悲惨、富裕与贫穷。
>
> ——埃德蒙·斯宾塞[1]

人心犹如一座花园，它既可能得到知性的耕耘，也可能衰败荒芜。但无论精心修葺还是废弃不理，它都会孕育出某种结果来。如果不播下有益的种子，那么野草将疯长蔓延，占据整个花园。

就如一个园丁精心呵护他的一小块花园，除草施肥，莳育他喜欢的鲜花和果实，一个人也可以如此照管他的心田，清除所有错误的、无益的和不洁的念头，培育正确的、有用的和纯洁的思想，使之臻于完美的境界。通过这个过程，人迟早会发现他是自己心灵的园丁，他是自己人生的向导。他也会找到自己内

1　埃德蒙·斯宾塞：(1552—1599)，英国著名诗人、桂冠诗人。

心的思想法则，与时俱进地正确理解思想在自己的性格、环境以及命运的形成上是如何发挥作用的，心灵的构成要素又是如何发挥功能的。

思想与性格是一体的，而且人的性格是通过周围的环境与境遇显现出来的。因此，一个人生活的外部环境总是与他的内心状况相关联，相互谐调。这并不意味着这个人的环境总是代表着他的全部性格，但这些环境的生成却是与他培养起来的思想紧密关联的。环境在一个人的成长过程中不可或缺。

所有的人都生存在绝对的法则之下，那里就有现在的你，是塑造自己性格的思想把你带到了那里。在编织人生的过程中，偶然这一要素并不存在。所有这一切都是法则的结果，绝无错误之可能。对满足于周围环境的人是如此，对尚未融入环境的人也同样如此。

环境的作用

✦

　　作为革新与进化的生命，人在其置身之地学习、成长，而且每当他在不同的环境中领悟到适用于自己的教诲时，旧的环境就会消失，一条新路就又会呈现于眼前。

　　如果人把自己视作外部环境的人质，那么他就会遭受环境的作弄。但是，如果当他意识到自己是一种创造力量，而且他可以自由地运用隐藏于内心的土壤和种子，培植适用于自己的环境时，他就可以真正地主宰自己。

　　无论个人修行长短，但凡经历过自我控制、自我净化的人，一定知道自己所处的环境是由自己的思想决定的。他们必会发现当自己的精神状况发生变化时，周围的环境也会随之发生变化。同样地，一个不容否定的事实是，当一个人热切地希望矫正自己性格

上的缺点，并且立即付诸行动时，他这个人也会立刻
焕然一新。

灵魂吸引潜伏于内心的一切，既吸引它的热爱，
也吸引它的恐惧。有的灵魂可以达到愿望的极致，有
的灵魂则堕落到无可复加的贪婪。任何环境都是灵魂
用来安放自己的存在。

思想的种子，不论是有意播种，还是无意栽下，
都会在心田扎根萌芽，迟早要开出行为的花朵，结出
机会和环境的果实。善良的思想孕育善良的果实，邪
恶的思想则结出邪恶的果实。

环境这一外部世界原样地反映于思想这一隐秘世
界。无论是令人愉快的环境还是让人不愉快的环境，
外部环境都是塑造个人道德的重要因素。作为自身的
收获者，人从苦难与幸福中积累经验，增长才识。

借助于心底的欲求、愿望和思想（有的人因不纯
的欲望而蝇营狗苟，有的人因高贵的理想而走在坚实
的奋斗之路上），人最终在人生这一外部环境中成就
自我。

真正的自我

✢

　　一个人穷困潦倒或身陷囹圄，不是命运或环境的强行安排，而是邪恶的思想和欲望令其步入迷途。思想纯洁的人不会因为外部的压力而突然犯罪。一个人之所以犯罪，是因为邪恶的思想长期在心中萌发，犯罪的恶念蓄积日久之后，才会在某一天终于爆发出来。环境并不造就人，环境只是使人的本性显露无遗。厄运与痛苦，它与邪恶的意念是如影相随的；同样地，一个人的美德与纯粹的欢喜，也与其高尚的德行和精进密不可分。

　　因此，作为思想的主人和主宰，人是自我的制造者，也是环境的制造者。灵魂在人诞生时即寄附于其身，并通过他在人生之旅中的每一个脚印，将体现自我的种种境况呈现出来。自我的纯粹与肮脏、坚强与怯弱都是灵魂的写照。

　　人吸引的不是他自己想要的状况，而是反映其当下的状况。心血来潮、异想天开甚至勃勃野心，它们在任何阶段都可能遭受挫折，但内心深藏的思想与欲望，不论其好坏都会自然生长。帮助我们实现愿望的上帝就在我们心中，他就是我们自己。人只受自身的束缚。思想与行为既是命运的狱卒——封闭我们、作践我们，也是天使——解放我们，让我们变得高尚。

　　人已经得到的，并不是他所期望和祈祷的，而只是他该接受的。那些期望与祈祷，只有在人的思想与行为和谐一致时才会得以实现。

　　按照这个真理，那么人们口口声声说的"与环境做抗争"究竟是什么意思呢？它意味着人们一方面在不断地反抗体现于外部环境的"结果"，而另一方面却又时时在内心培养和维护着孕育那个环境的"原因"。这个原因又以有意或无意的软弱表现出来，但无论是有意还是无意，它都将顽固地阻碍人们的努力。人们获得的结果与愿望背离，其原因就在自己身上，因此必须予以改正。

自我牺牲与自我征服

❖

　　人们都热心于改善自己所处的环境，却懈怠于改善自身。因为这个缘故，人们始终处于自缚的状态之中。一个在自我磨砺中畏缩逡巡的人是绝不可能实现心中的理想的，这是天地间恒久不变的真理。即便这个人的唯一愿望是获得财富，在实现这一愿望之前他也要付出巨大的牺牲。那么，他要付出多大的牺牲，才能获得幸福与富足的生活呢？

　　有一个人，穷困潦倒。他非常渴望改善他的环境，想拥有舒适的家庭，但是他却总是逃避工作，以工薪低廉为由欺骗老板并视之为理所当然。这种人不明白一个有关繁荣兴旺的最为单纯的道理。他不仅不能使自己从悲惨中翻身，反而因为怠惰、敷衍、懦弱而使自己陷于更加悲惨的境地。

　　有一个富翁，他因为暴饮暴食而致疾病缠身，痛苦不堪。为医治疾病，他挥金如土，毫不吝惜，但是他却不能节制自己贪食的欲望。他既想用天下的美食来满足自己的口腹之欲，又想让自己保持健康的身体，而这实际上是不可能的。这种人还没有学会健康生活的基本原则。

还有这样一名雇主，他为了牟取更大的利润而克扣工人的工资，甚至为了不付薪金而不惜以身试法。这种人是不可能富裕发达的。当公司破产，个人名誉与财产俱失时，他就会埋怨周围的环境。殊不知，他才是招致自己破产的环境的唯一制造者。

在此，我列举了上述三个例子，无非是要说明人是环境的制造者，人是所有环境生成的终极原因。这也说明，一个人即使朝着美好的目标不懈努力，但如果内心放任了有碍于实现目标的思想和欲望的滋长，那么他最终将遭遇挫折，心愿难遂。这样的案例比比皆是，几乎无限地存在着。只要愿意，你就可以在自己的头脑和生活中发现思想法则的痕迹，单纯的外部的事实，是不能成为成功与失败的理由的。

真面孔与假面具

✣

环境非常复杂，思想非常深奥，幸福的条件因人而异。因此，某个人的内心状况（也许他本人明白），外人是难以判断的。现实生活中，有的人会因为诚实而身陷贫穷，有的人会因为不诚实而一夜暴富。

但是如果据此认定不诚实的人随时都会堕落，诚实的人则道德完全高尚，或者将某个人失败的原因归结为他的诚实，又将某个人发达的原因归结为他的不诚实，那么这种判断未免太过肤浅。从更深刻的知识和更广泛的经验来看，这种判断是明显错误的。不诚实的人可能具备令人称赞的美德，而诚实的人可能有着令人厌恶的恶习。诚实的人以其诚实的思想与行为获得善果，但他也会因自己的恶习而收获痛苦。同样地，不诚实的人也会收获他自己的痛苦与幸福。

人们相信坚守美德则往往要遭受折磨，这使人们的虚荣心得到满足。如果一个人明白自己遭受的痛苦不是源于自己的恶念，而是因为坚守美德所致，那就要将一切痛苦的、苦涩的、不洁的思想从自己的心底连根清除，并且将所有罪孽从自己的灵魂深处洗刷干净。不过，当一个人到达这一至善至美的境界时，他就会发现，在自己的内心与人生之中早就有了伟大而正义的法则：善结不出恶果，恶亦孕不出善果。拥有了这种常识，当他回首自己过去的无知和盲目时，他就会认识到他的人生现在是、过去也一直是得到公正安排的，他过去所有的经历，无论是好的还是坏的，都公平地反映出进化着的自己和未进化的自己。

善不生恶

✦

好的思想和行为绝不会产生恶果，恶的思想和行为也绝不会产生善果。这就是俗话所说的"种瓜得瓜，种豆得豆"。

人们在自然界中理解这一法则，并依其而行。但是，很少有人把这一法则运用到精神与道德的世界之中（法则的效用单纯却屡试不爽）。因此，人们忽略了对这一法则的尊崇。

无论何时，当人的思想滑向一个错误的方向时，其带来的结果就是痛苦。这种痛苦预示着人已失去自身的调和，并与生存的法则相背离。痛苦唯一的也是最佳的益处是净化灵魂，将所有无益的不洁之物付之一炬。真金不怕火炼，当成为一个完全纯粹的人时，他就能从所有疑惑中得到解放，痛苦也就随之烟消云散了。

人遭遇痛苦时的环境，正是自身精神失去调和的结果；人处于幸福时的环境，正是自身精神和谐的结果。衡量思想正确的标尺，不是你获得大量的物质财富，而是幸福。反过来，衡量思想错误的标尺则是悲惨，而非物质财富之不足。一个人可能在他人的诅咒中富裕发达，也可能得到人们的祝福却依然清贫如洗。幸福与富裕合二为一，这表明富裕的用途正确而明智。贫穷的人只有把自己的命运看作不公平的重负时，他才会滑落至悲惨的境地。

贫困和放纵是悲惨的两个极端，它们都是那么不自然，是精神世界紊乱的结果。人只有当自己感到幸福、健康、富裕时，才能正确地为自己定位。幸福、健康、富裕，它们正是人与其所处的环境以及内心世界与外部环境相互谐调、相得益彰的结果。

构建自己的人生

✤

　　当一个人停止哭诉和咒骂时，他才成为一个真正的人，他才开始探索规范自己人生的隐秘的正义。当他接受并顺从那些规范时，他就不会怨天尤人，他会在坚强而高尚的思想中构建自己的人生。他不会去反抗环境，反而会把环境当作手段，以使自己取得更快的进步，并借此发掘自身的潜能与可能性。

　　规律，而非混乱，是宇宙中的主要原则。公正，而非偏狭，是人生的灵魂，亦是人生的本质。正义，而非堕落，是精神统治世界的创造之力、推动之力。因此，人需要不断地完善自己，这样他才能理解宇宙的法门。人在完善自己的过程中会发现，他在改变对世事人物的看法时，世事人物也在改变对他的态度。

邪念的影响

✣

人们以为思想可以隐而不露，其实这是不可能的。因为思想很快就会结晶成习惯，而习惯又会塑造环境。

· 卑贱的思想会形成酗酒、贪色的习惯，随之又将进入贫穷、疾病的环境。

· 所有不洁的思想都会衍生出虚弱无力、混乱不堪的习惯，随之又将进入厄运连连的逆境。

· 怠惰的思想会使肮脏、虚伪成为习惯，它们会酿造恶臭、乞讨的环境。

· 敌意与怨恨的思想会生出告密与暴力的习惯，它们会制造出伤害与迫害的环境。

· 所有自私自利的思想，都会滋生利己主义的习惯，它们会让人在烦恼的环境中难以自拔。

· 恐惧、猜忌、优柔寡断的思想，会形成软弱、怯懦、犹豫不决的习惯，像奴隶一样依附于他人的环境。

美好思想的影响

✣

另一方面，所有美好的思想都结晶为优雅、温和的习惯，令人犹如置身于阳光和煦、心旷神怡的环境之中。

· 纯洁的思想，会衍生出节制和自我控制的习惯，带来安静、平和的环境。

· 充满活力的思想，会养成清洁、勤勉的习惯，带来舒适的环境。

· 稳健而宽恕的思想，会生成温和的习惯，带来安全而富有包容力的环境。

· 博爱、无私的思想，会形成忘我奉献的习惯，带来一个确切不变的真正的繁荣与富裕的环境。

· 勇敢、自信、果断的思想，会形成富有男子气概的习惯，它所创造的环境乃是成功、富足与自由。

富有魅力的独特思想，无论它好与坏，都会对性格和环境产生一定的影响。人不能直接选择环境，但可以选择思想，从而间接地，也是确定无疑地创造属于他自己的环境。

正确的思想会帮助每一个人，使最真切的愿望得以实现，机遇也会随之出现，并以最快的速度将善与恶的思想带至表面。

让人们停止罪恶的思想吧！那么整个世界会对你宽容，并张开双手接纳你。让人们抛弃软弱和无力的思想吧！那样就没有厄运使你陷入悲惨和耻辱的境地。世界是你的万花筒，每时每刻都将呈现出五彩缤纷的色彩组合，其实那就是你不断变化的思想所呈现的美丽图画。

> 你将实现你的愿望，
> 让失败在那个可怜的词——"环境"中，
> 找到虚假的内容，
> 但精神在光明中展翅飞翔。
> 它主掌时间，它征服空间，
> 它降伏"机会"这个自负的骗子，

还废黜"环境"这个暴君，

使它成为臣服的仆人。

人的意志，无形的力量，

永恒的"灵魂"的孩子，

能够劈出一条通往任何目标的道路，

纵使有万仞高山阻断前途。

偶有耽搁也不要失去耐心，

给予理解，静心等待；

当精神升华成为主宰时，

众神都将匍匐，听候你的吩咐。

第三章

健康与思想

对康复的渴望，这也是治疗的一部分。

——塞内加 [1]

身体是思想的仆人，不论是有意识的，还是自然流露的，身体总是追随着思想的指引。一个人如果思想不纯，那么他的身体很快就会患病，衰弱下去。而如果他的思想快乐而美好，那么他就会置身于青春与美丽之中。

疾病与健康，如同环境一样，也根植于思想之中。病态的思想会通过病躯表现出来。恐惧的思想，有时会如一颗子弹，能够迅速杀死一个人，而有时又会缓慢地置数千人于死地。那些身患疾病的人，正是日夜忧惧自己生病的人。忧惧之心会迅速侵蚀身体，打开疾病的大门。不纯正的思想，即使尚未具化为行动，也会使神经系统失去功能。

1　塞内加:（约公元前 4 —公元 65），古罗马时代著名的斯多葛学派哲学家。

坚强、纯洁、幸福的思想，会使身体充满活力，富有魅力。身体是一具精巧、柔软的器具，它会对思想做出敏感的反应，而思想也会对身体施加或好或坏的影响。

一个人怀有不洁的思想，那就犹如拥有一腔毒血。纯净的心会衍生纯净的生活和纯净的身体；不洁的心则会派生污秽的生活和颓废的身躯。思想是行为、生活以及生活方式的源泉，源头清则万事清。

一个人改变日常饮食而不改变思想，则徒劳无益。但如果使自己的思想变得纯洁，那么他就自然会规避不洁的食物了。

纯净的思想培养纯净的习惯。所谓的圣徒，如果不时时清洁自己的身躯，那就不是真正的圣徒。净化自己的思想，坚定自己的信念，这样的人从不用顾忌罪恶的病原菌。

思想主宰健康

✤

如果你想要有一个完美无缺的身体，那就请你守护住自己的心灵。如果你想使自己的身体恢复青春的活力，那就请美化你的心灵。邪恶、嫉妒、失望、沮丧，它们会夺走身体的健康与美丽。不愉快的表情不是产生于偶然，而是源于内心的不愉快。

一座房屋如果不能自由地吸收空气和阳光，那就不能为一个追求舒适、健康的家庭提供服务。与此相同，一个人如果不能接受喜悦、善意、平和的思想，就不可能有强健的体魄，爽朗、快乐、优雅的表情。

我认识一个年逾九旬的老妪，她有着少女般明朗、纯净的神采。我也见到过一个男子，未至中年却满脸沧桑。他们的区别在于一个性情美好而快乐，一个则偏激而贪婪。

　　老人的脸上有悲悯留下的皱纹，有坚强而纯洁的思想刻下的皱纹，也有狂热烧灼的皱纹。难道我们不能区分这些皱纹吗？对于那些正直的老人来说，他们的一生就如西落的夕阳，平静、柔和、圆熟，焕发出美丽的光彩。最近，我去拜望了一位临终前的哲学家，除了年龄，你看不出他一丝的老态，他从容平静地死去，一如他生前的从容与平静。

　　没有一个医生比快乐的思想更能驱除身体的病痛；没有一个慰问者比善意的心情更能驱散悲痛和不幸的阴影。总是生活在愤世嫉俗、猜疑、嫉妒的思想之中，人就无异于将自己囚禁于心牢，难以自拔。但是如果一切都能够善良地思考、愉快地面对、耐心地去发现其长处，那么这种无私的思想正是朝你敞开的天堂之门。

第四章

思想与目标

只要开始就好，那样的话心灵就会
燃烧；

只要开始就好，那样的话工作就结
束了。

——歌德[1]

思想只有与目的结合，才能得到智慧的成果。许多时候，思想的帆船就如同漂流在人生的大海上。漫无目的地漂流无异于自杀。为了避免灾难与毁灭，人们必须终止这种漂流。

生活中没有目标的人很容易受到微不足道的忧虑、恐惧、烦恼、自怜等情绪的困扰，这是软弱的表现。这些情绪就如同精心谋划的犯罪一样（虽然路径不同），会令你遭遇失败、不幸和失落。因为在强者恒强的宇宙当中，软弱是无法生存的。

1　歌德：(1749—1832)，德国伟大的作家、思想家、科学家。

　　人们在心中描绘一个合理的目标，然后去努力实现它，并且把这个目标放置在自己思想的中心。这个目标也许是一个精神的理想，也许是兴之所至的世俗化的目标，但无论是哪一种，人们都应该将思想的力量集中于既定的目标之上。人们应该将这个目标当作自己至高无上的义务，竭尽全力去实现它，而绝不可以让思想迷失在虚幻的空想、憧憬和想象之中。这是实现自我控制和思想集中的必由之路。为了实现自己的目标，人们可能会不断遭遇失败（这也是人们战胜软弱之前的必由之路），但由此而得到千锤百炼的坚强性格则成为衡量他们成功的标尺，而这也将是他们未来获得力量与胜利的新起点。

　　那些尚未树立目标的人，首先应该将自己的思想集中于如何准确无误地履行自己的义务上，无论那些事显得多么微不足道。只有这样，他们的思想才能得以集中，决心与精力也才能得到培育。一旦完成了这一步，则没有什么事不可以做到了。

坚强与目标同在

✥

　　再软弱的心也知道自己的软弱。坚强源于努力与锻炼。如果你相信这一真理，也正因为你相信这一真理，那就请立即开始努力吧！只有通过努力再努力，锻炼再锻炼，忍耐再忍耐，人的成长才能永不止步，最后变得无比坚强。

　　身体虚弱的人通过细致、耐心的锻炼，可以强健自己的体魄。同样地，思想懦弱的人，也可以在正确的思想中锻炼自己，使自己变得坚强。

　　抛开虚无与软弱，为自己的人生树立目标，加入强者的行列，这是你从失败迈向成功的第一步。强者能调动周遭的一切来服务于自己的目标，坚定地思考、无畏地挑战，最终完满地实现目标。

　　人们既然抱持一个目标，那就应该心无旁骛，径直奔向成功之路。疑虑与恐惧会使成功之路迂回曲

折，也将使努力化为泡影。疑虑与恐惧绝不可能成就
什么，也绝不可能有任何成就。因此必须予以坚决排
除。目标、精力、行为以及坚强的思想一旦混入疑虑
和恐惧，我们就将失去所有的力量。

排除向后看的思维方式

✣

意志来源于认识。当我们认识到某件事能做时，我们才会唤起决意而行的意志。疑虑与恐惧是认识的最大的敌人。放任疑虑与恐惧的滋生蔓延，它们将成为我们自身成长的阻碍。

一个人如果能够克服疑虑与恐惧，他也就能够克服失败。他的所有思想，都应该与力量结合，勇敢地面对一切困难，聪明地战胜任何困难。他的目标就是适时适地地播种，并使其开花、结果。

思想与目标大胆地统一，它们就会成为一股创造性的力量。了解这一点的人，他们不会踟蹰于异想天开和瞻前顾后，他们时刻准备着捕捉更高、更强的机遇。他们是明智地发挥自己精神力量的主人。

第五章

成功中的思想因素

你可以什么都没有，但不能没有美德。

——威廉·莎士比亚[1]

一个人的成功与失败，都是他的思想带来的结果。在公正而有秩序的宇宙之中，个人的责任是绝对的。坚强与软弱、纯洁与污秽，都是他自己的，而不是别人的；都是他自己创造的，而非别人强加的。因此，改变也只能是他自己谋求改变。

他所处的环境也是他自己的，痛苦与幸福系由其思想孕育的结果。人是思想的躯壳，他思想，他就成为他思想的那个人。

强者帮助不了弱者，除非弱者自己希望得到帮助。重要的是弱者要使自己的内心强大起来。人需要通过自身的努力，学到他人身上令人敬服的力量，因为能够改变环境的只有自己，舍此无他。

1　威廉·莎士比亚:（1564—1616），英国文艺复兴时期伟大的剧作家、诗人。

克服软弱，抛弃利己之心的人，既不属于压迫者一方，也不属于受压迫者一方，他是自由的。

人只有升华其思想，才能挺直腰杆，战而能胜，实现目标。反之，他只能是软弱、卑屈、悲惨的俘虏。

升华自己的思想

✣

　　一个人要取得某种成就，即便是某种世俗化的成就，他也要升华自己的思想，脱离奴性与兽性的趣味。为了成功，人们无须完全放弃本能的利己之心，但是必须牺牲其大部分。

　　如果一个人首先想到的是低级趣味，那他既不能明辨是非，也不可能合理规划，自然也不可能发现和发挥自己的潜能，其结果是一事无成。如果不能像一个真正的人那样控制自己的思想，那么他也就难堪大任，不能独当一面。需要指出的是，人只受自己选择的思想束缚。

　　没有牺牲就没有进步与成功。一个人的成功取决于他克服了多少兽性的思想，在自己的目标进展上集中了多少精力，又是如何坚定自己的信念和相信自己的能力的。一个人越是升华自己的思想，则越能成为一个真正的人、一个高尚和公正的人，而他所取得的成就也会更伟大、神圣和持久。

宇宙不会对贪婪、虚伪、恶毒的人释放善意，它只垂青正直、宽容、道德高尚的人。不同时代的伟人以不同的形式代言了这一真理。为了证明和理解这一真理，我们必须不断升华自己的思想，努力使自己成为一个德行更加高尚的人。

坚强自己的心

✣

　　精神的成就，就是愿望终于得以实现。生活在高尚思想中的人、纯粹而无利己之心的人，就如日正中天、月当满圆，高贵的思想与伟大的人格使得他们具有无比的号召力。

　　所谓成就，无论是哪一种，都是努力惠赠的王冠，思想恩赐的王位。一个能够实现自我控制，富有决断力，拥有纯粹、公正、正确思想的人，一定能够自我升华。而兽性、怠惰、污秽、腐败、混乱的思想则会让人堕落。

　　一个人可能在世界上取得巨大的成功，甚至在精神王国也拥有崇高的地位，但如果允许傲慢、自私和堕落的思想夹杂于心，那他将很快退化成为软弱、悲惨的人。

　　因正确的思想而获得的胜利果实，需要时时警醒，善加看护，这样才能维持长久。许多人一旦取得成功便懈怠放松，遂又坠入失败的泥沼之中。

所有成就，无论是商业上的成功，还是知识的，抑或是精神世界的成就，都是目标明确的思想的结果，受同一法则支配，由同一方法实现。它们唯一的区别只是奋斗的目标不同而已。

无所成就只因无所牺牲；有所成就就得有所牺牲；要取得巨大成就，那就要付出巨大牺牲。

第六章

梦想与理想

聪明的人会创造更多机会去发现机会。

——弗朗西斯·培根[1]

梦想家是人类的救世主。正如有形的世界是得到无形的物质的支持而存在的一样，人类需要梦想家描绘的美好的未来，来为自己鼓劲打气，使自己以足够的勇气去迎接各种挑战，纠正自己的过失，甚至清洗扑面而来的污秽。

人类不能忘记梦想家，不能让他们的理想褪色、消逝。人类生存在美好的愿景之中，他们坚信这个愿景终有一天会变成现实。

作曲家、雕刻家、画家、诗人、预言家、哲学家，他们是精神领域的能工巧匠，是天堂的创造者。这个世界，因为他们的存在而美丽。

心中怀有崇高理想和美好愿景的人，终有一天会

1　弗朗西斯·培根：（1561—1626），英国文艺复兴时期最重要的哲学家。

将理想与愿景一一变成现实。

哥伦布梦想着另一个世界，他发现了新大陆。

哥白尼不断在心中描绘着世界的多样性和广袤的宇宙，他揭示了宇宙的奥秘。

释迦牟尼一直梦想着一个洁净无瑕、宁静平和的精神世界，他打开了彻悟之门。

珍爱自己的愿景，珍爱自己的理想，珍爱拨动心弦的音乐、撼动心魄的美景、纯洁无瑕的思想以及承载这一切的博爱。因为所有的快乐，所有美好的环境都滥觞于此。只要忠诚于自己的梦想和理想，最终你将创造属于你自己的世界。

憧憬就能得到，渴望能成就理想。人间最卑微的欲望尚且能够得到满足，那么人间至纯至真的愿望还会实现不了吗？

怀着崇高的理想去梦想未来吧，你将美梦成真！这是你描绘的未来对你的承诺。你的理想就是预言，你梦想自己成为什么样的人，那么你就将成为什么样的人。

聆听心灵的声音

❖

人类的任何一项伟大成就，最初乃至在一段时间里只是一个梦想。参天橡树原本是沉睡在果壳里的一粒种子，飞翔的小鸟也曾在鸟蛋里等待时机。觉醒的天使在灵魂的幻想中唤醒了它们的沉睡。梦想是现实的幼苗。

你现在所处的环境也许并不如意，但是只要怀揣着理想，并为之不懈努力，这种不如意就不会长久。

有一个年轻人，饱受贫穷与辛劳的煎熬，长期困在一个不健康的工作环境之中。他既没有受过学校的教育，也缺乏洒脱与气质。但是他有一个梦想，他一直想象着理智、高尚、优雅等等这些美好的事情，时常在心里描绘人生的理想状况，以更宏大、更自由的世界来构建自己的理想圣殿。对现实的不满促使他行动起来，他利用一切可用的手段和时间，发挥自己的潜能，磨砺自己的才干。

变化很快就出现了，小小的作业间已经不能容纳他了。他从过去的困窘中解脱出来，犹如脱掉破旧的衣裳，焕然一新。他的能力得到拓展，机遇也接踵而至，他再也不用从事那些劳苦的工作了。

力量的统治者

❖

几年后，这位青年已经成为一个非常出色的人。他是内心力量的统治者，他具有无比的力量，影响力遍及世界。他的肩上承载着巨大的责任，他的每一句话都可能改变他人的一生，男男女女都把他的话语和思想当作人生的指南，重新焕发活力。无数的命运围绕着他旋转，他就如同宇宙中的太阳，发出不变的光芒。

他实现了年轻时的愿景，他也如愿以偿地成了理想中的自己。其实，你也可以这样，无论你的愿景卑微或宏大，你都可以将自己心中的梦想（不是毫无根据的臆想）变为现实。因为，任何时候人都是受着心灵的指引，朝着自己心愿的方向趋步前行。你得到的正是准确无误地体现你思想的结果。你只能得到你该得的东西，既不会多，也不会少。无论现实环境如何，你是跌倒不起、踟蹰不前或者出人头地，那都是你的思想，是你勾勒的愿景，也是你的理想。

想象的力量

✣

人抑制自己的欲望，他就会变得渺小；志存高远，那么他就会变得高大。斯坦顿·戴维斯说过这样一段话：假设你是记账的事务员，不久终于突破了理想的禁锢之门，突然发现自己站在观众面前——钢笔夹在耳朵上，手指上还沾染着墨迹——这时，突然的窘况会促使你灵感迸发。假设你是位牧羊人，追逐羊群，在山林中迷路。在精灵的人胆指引下，你闯进了大师的工作室。时光飞逝，有一天大师说："我已倾囊相授，再也不能教给你新东西了。"就这样，你也成了大师。这是因为你曾经一边牧羊一边梦想着自己成为一位艺术家。

"幸运"是个不恰当的词

轻率、愚昧、懒惰的人，只看到事物表面的结果，却看不到事物的本质。他们热心于运气这个话题，对幸运、偶然津津乐道。当他们看到富翁时，就会说："他运气真好！"当他们看到智者时，就会说："他真幸运！"而当他们看到道德高尚、为人敬仰的人时，就会感叹："机会怎么总是垂青他们呢？"

他们没有看到，这些人为了积累自己的经验，曾经进行过多少尝试，遭遇过多少失败，尝尽了多少烦恼；他们不知道，这些人付出了多大的牺牲；他们不知道，成功源于百折不挠的努力和持之以恒的信念。能够战胜一切艰难险阻的，唯有牺牲、努力和信念。

看不到事物本质的人，更不会发觉在光明与欢喜背后的黑暗与苦痛。他们对他人漫长曲折的跋涉视若不见，只为耀眼的冲刺欢呼"幸运"。他们不去理解过程，只关注结果，并视之为偶然。

人类社会的任何成就都是努力的结果，努力的强弱是判断结果的尺度，结果绝非来自偶然。天赋、力量，物质的、知识的、精神的财富，所有这一切都是努力的赐物，是成熟的思想达成的目标，现实化的愿景。

你心中光芒闪耀的愿景，你心中珍藏的理想——它们塑造你的人生，它们就是你的未来！

第七章

心灵的平和

除了自己以外，没有谁能带来平和。

——拉尔夫·沃尔多·爱默生[1]

心灵的平和是美丽的智慧宝石，它是长期进行自我控制、辛勤努力的结果。心灵的平和意味着经验的成熟，也意味着对思想的法则与作用有着超凡脱俗的理解。

人是思想的生物。人深切地理解这一点后，他的内心就会归于平和。人要达到这一认识，还需要理解他人，并把它作为自己思想的成果。然后当他越来越清晰地看到事物内在的关系，亦即原因与结果的法则时，他就再也不会嫉妒、愤怒、忧虑、悲伤了，代之而生的是沉稳不惊、处事泰然。

一个人掌握了自我控制的方法，他在适应他人方面也会得心应手。反过来，周围的人也会尊重他的

1　拉尔夫·沃尔多·爱默生：（1803—1882），美国思想家、诗人。

精神力量，学习他，信赖他。一个人越是平和，他的成就、影响力、感召力就越是巨大。平凡的商人也知道，当他越是懂得自我控制、脚踏实地，他的买卖就越是兴隆。因为，人们任何时候都愿意跟沉稳、老实的人做生意。

坚强而平和的人，得人爱戴，受人尊敬。他就像干旱的土地中的一汪甘泉，或是暴风雨中遮风避雨的巨石。拥有平和的心灵、温厚的性格，这样的人谁会不爱呢？无论是狂风暴雨还是艳阳烈日，无论是沧海桑田还是命运多舛，他都不为所动。因为这样的人总是温和、沉静、从容不迫。

平和，这是人间最美的性格，也是文明人自我修养的终点站。它是人生的鲜花，是灵魂的果实。它与智慧同等宝贵，它比黄金还要贵重——是的，即使是足赤纯金。

与幸福的人生相比，追名逐利是多么不值一提。幸福的人生就犹如生活在真理的海洋中，无论是暴风骤雨还是惊涛骇浪，都无法干扰它的宁静。

满足是一门艺术

✤

在现实生活中，有多少人会因为自己暴烈的性格而吃尽苦头，平衡的性格遭到破坏，美好的东西丧失殆尽。许多人因为不能自我控制而致人生毁灭，幸福也化为泡影。我们在人生当中，能够碰到几个性格平和、从容沉着、人格完美的人呢？

是的，人因为内心汹涌的感情而骚动不宁，因为难以抑制的悲伤而垂头丧气，因为忧虑猜忌而倍受煎熬。只有能够控制自我、聪明平和的人才能驯服灵魂的暴风骤雨。

当暴风雨侵蚀你的灵魂时，无论你身在何处，也无论你身处何境，你都要知道：人生的大海终有理想的彼岸，那里阳光灿烂，幸福的岛屿在向你微笑招手。你要用自己的双手牢牢地把握住思想的轮舵！你的心灵船舱之中安卧着一名指挥官，他在睡眠。现在，你去叫醒他吧！

第二部分

安静地思考

学会如何生活是人生的一道难题。其难度就相当于加减算术之于小学童。不过，一旦人们掌握了这种技巧，所有难题便都迎刃而解。生活中的种种难处，无论是来自社会领域、政治领域抑或是宗教领域，均源于人类自身的无知与错误的生活方式。这些不只是一个人的梦魇，也是大多数人的难题。人类目前正处于探究这一痛苦的阶段，囿于无知，要面临诸多困难。当人们学会正确生活，学会用智慧之光指引他们的力量，引导他们大显身手时，人生才够圆满。而且，掌握这个本领也将终结一切"邪恶的问题"。但是对于智者来说，所有这些问题早已烟消云散。

第一章

内心、身体和环境的主宰

你的心便是你的全世界

✥

人所处的层次高低取决于自身的思想本质。人们眼中的世界或是如心中设想的那般黑暗狭隘，或是如自己那海纳百川的气量一般壮丽恢宏。

人类是幸福与痛苦的制造者。更进一步讲，人是自身幸福与痛苦的创造者与维持者。幸福与痛苦并非由外界强加，而是人的内心状态。造成这种状态的不是神，不是魔鬼，也不是外部环境，而是人类自身的思想。这些状态是行为的结果，而行为又是思想的显性体现。固定观念决定了行事之道，而幸福与否则又取决于此道，道正则幸福，道邪则痛苦。因此，要改变这种心理状态，我们必须从转变能动思想开始。若要把苦痛化为幸福，我们不得不转变固有观念。除此之外，还要摒弃一些陈规陋习，因为正是这种不当的行径给人们带来痛苦。如此一来，不论是在心理上或是生活中，我们都将经历蜕变。一个沉溺于私欲的人，总会与幸福擦肩而过，但一个博爱无私的人，总会被幸福萦绕。树荆棘得刺，树桃李得荫，人的每一个行为都是起因，都会产生相应的结果。人虽不能左右结果，却能选择或改变起因。人可以洁净自我本性，也可以重塑自身品性。人有巨大的力量去战胜自我，重塑自我，升华自我，并能从中获得无尽的乐趣。

每个人都受限于自身观念，但同时，每个人都能逐步拓展自身格局，提升个人的精神境界。人能脱离低级趣味，修得高尚情操；能摆脱黑暗与仇恨的念头，追求光明与美好的思想。做到这一点，人便得以升华到一个更高的境界，那里满是生机与美好。在那里，人可认知到一个更加完美的世界。

人所处的层次高低取决于自身的思想本质。人们眼中的世界或是如心中设想的那般黑暗狭隘，或是如自己那海纳百川的气量一般壮丽恢宏。周遭的事物全被他们涂上了情绪的颜色。

试想，一个人整天疑神疑鬼，贪得无厌，嫉贤妒能，那么这个世界在他看来该有多么卑劣、阴暗。如果他自身就封闭狭隘，何谈壮丽河山；如果他脑子里藏的都是卑鄙下流的念想，他怎能看到别人身上高亮的闪光？他甚至卑劣到把自己敬奉的神都视作可以受贿的对象；他把所有人都想象得跟他一般自私卑劣，管你是男是女，以至于他把最高尚的无私行为也视作动机不纯的阴谋。

再试想这样一个人，心思单纯（心不设防），慷慨大度，他的世界该是有多么精彩啊。他会在世间万物以及每个人身上发现一些高贵的品质。其他人在他眼中都很诚实，至少对他来说是真诚的。在他面前，最卑劣的人也会忘掉他们的本性，甚至会在那一刻变得像这个人一样，拨开眼前的迷雾，在那短暂的一刻，瞥见一个更高级的万物法则，一种更为高贵、无比幸福的生活。

这两种人，前者小肚鸡肠，后者宽宏大量，即使互相为邻，也生活在两个完全不同的世界。他们意识里奉行的是两种完全不同的准则。他们的行事做法背道而驰，道德观念亦水火不容。他们遵循两种不同的事物法则。他们的精神领域就像两个孤立的圆圈，互相分离，永无交集。这两个圆一个在地狱，另一个在天堂，正对应着两种人未来各自的归宿。两者之间赫然已存的鸿沟已经大于生死之别。在前者看来，这世界就是一个乱贼四起的污秽之地；而对后者来说，这世界正是众神的居所。前者总是手持一把左轮手枪，时刻提防着被抢劫或欺骗。后者时刻准备着宴请最伟大的人物，他总是向天才、美女、神灵和善者敞开大门，他的朋友都具有贵族特质，他们都已融入到他的生活和思想领域，甚至他的意识世界中去。他心里涌出的尽是高尚。在众多爱他敬他的人当中，他们将这种高尚的品质以十倍的分量回馈给他。

　　人类社会中的自然等级正是凭借思想领域以及反映思想的行为方式的差异来划分的。对于那些本质不同，且因生活的基本原则不同而分道扬镳的思想，仅靠人类的努力是无法使得它们相互对等的。蔑视法律的人与遵纪守法的人永远不会同流，并不是仇恨或尊严将二者区分开来，而是因着人与人的理解能力与活动方式不同。粗俗野蛮者永远被挡在高雅之士精心构筑的思想壁垒之外。这堵墙密不透风，这些粗人只有通过一步步自我提升才可能突破这层壁垒，但他们永远不能通过暴力手段强行征服它。天国不会为暴力敞开大门，只有遵守天国秩序的人才能拿到通行证。暴徒聚集在暴力圈子，圣人则与圣人和君子谈笑风生。每个人都是照映自己的一面镜子，一个人看待世界上的其他人与物的方式其实就是对自身的映射。

　　每个人都处于自己或大或小的思想圈子里，至于圈子外的事情则一无所知，他只知道自己变成了什么样子。思想圈子越窄的人，越不相信天外有天。小圈子容不下大世界，思想格局小的人无法理解智者的大智慧，而这些认知只能在成长的过程中慢慢习得。徜徉在广阔思想领域中的人能够看清所有小圈子，因为他已经从这些圈子中挣脱出来，更为丰富的阅历使他对圈内小人物的处境感同身受。另外，当他遇到境界更高的人时，当他开始与那些品行端正、有远见卓识的人交往时，他将会意识到天外有天，而之前他并没有很清楚地意识到这一点，或者干脆就是全然不知。

　　人们会发现自己像个学龄儿童，因知识量大小不同而被划分到不同的年级。六年级的课程超出了一年级学生的理解范围，对一个一年级的学生来讲这简直就是天书，但是通过不懈的努力学习，日益扩大知识容量，他早晚也会读懂这"天书"的奥秘。他一步一个脚印，奋发向上，最终升到六年级，终于把小学知识学到手了，但是这并不意味着结束，因为比上不足，他还是远没有老师懂得多。由此可见，在生活中自私、卑劣、冲动、私欲膨胀的人无法理解那些光明无私、冷静沉着、内心纯洁的人的生活。但他们可以通过努力行动，提升个人的思想道德修养，从而达到更高的水平，进入更广阔的意识领域。另外，无论水准高低，都有伟大的思想家凌驾于其上空。那些人类灵魂的工程师，是宇宙的众多主宰者，也是各种宗教信徒各自信仰侍奉的救世主。老师如同学生，也有等级之分，有些并未达到大师级别，却凭着优秀的品行成为老师，但是即使站在讲台上也并不代表这个人就是一名合格的老师。判断一个人是否

能扛起"老师"这一称号的标准，是看他高尚的道德
能在多大程度上唤起人的敬畏之心。

　　一个人的低俗或高尚，渺小或伟大，卑微或高
贵，全看他的思想。每个人都活跃于他自己的思想领
域，那片地方就是他的全世界。他在那个世界养成习
惯性思维，找到志同道合的伙伴。他活在自己的世界
里，怡然自得。但他没有必要非得滞留在较为低级的
圈子，他可以提升自己的思想境界，通过积小流以成
江海的方式到达更理想、更幸福的地方。如果他选择
并愿意这样去做，他可以打破私欲的禁锢，到更为广
阔的人生中呼吸更加纯净的空气。

转变你对外部世界的态度

✣

外部事物（周边环境）就如他人的行为那样，其本身无所谓好坏，只是人们对待它们的态度和看法不同而已。

物质世界与思想世界互为补充，两者互相照应，紧密相连。物质与思想遥相呼应。社会活动是思想的流动，外部环境是思想的结合，外部条件与行为都与他本人的精神需求与发展密切相关。人类是其周边环境的一部分，他与他的同伴并不是互相孤立的，而是由特殊亲密性和互动性，以及植根于人类社会的基本思想规律紧密联系在一起的。

人不能改变外部事物来满足自己的冲动与欲望，却可以抛弃这些消极的主观念想。他可以转变自己对待外界事物的态度，这样外界也将会呈现出不同的一面。一个人无法决定别人对他的态度，却可以把握自己对他人的态度；一个人无法打破周边的环境壁垒，却可以聪明地选择去适应它，或是拓宽自己的心理格局，寻找途径进入更广阔的一片天地。事随心动，转变你的观念，万事万物也将会有新的变化。好的镜子才能照出真实的世界，变了形的玻璃只会映射出夸张的镜像，不安的心只会反映出扭曲的世界。如果我们克制内心，平复心情，那么我们将会看到一个更加美丽的宇宙，对世界秩序也将会有更完整的认知。

人拥有足够力量去净化完善自己的内心，但他对外人思想的操控是极其有限的。当人们发现自己只是芸芸众生中的一粒微尘时，他们就会明白这一点。这些个体并不是相互孤立、冷漠无情的，而是互相感应、互相同情。我的伙伴们与我的行为息息相关，他们会根据我的行为做出相应的反应。如果我对他们具有威胁性的话，他们将会对我采取防御措施。就像人的身体排除病理细胞一样，国家也会本能地去除掉内部叛逆分子。你的错误行为使这一政治团体遭受那么多伤害，你将用你的痛苦和愧疚来治愈这些伤口。这种道德上的因果无异于那个连傻瓜都知道的自然因果，前者只不过是后者的延伸，是对整个人类这一更大层面上的解释。任何行为都不是孤立的，你最隐秘的行为也会被暴露出来，好的一面被欢乐保护，恶的一面被痛苦摧毁。《生活之书》这一古老寓言书中有一条伟大的道德真理：任何思想和行为都被记录和审判。你的行为不仅仅属于你自己，而是属于全人类，甚至全宇宙。正因为如此，你才无力改变外在结果。但是你完全可以纠正美化自己思想的内在动因。也正是因为如此，完善个人品行这一行为被视为人的最重大的责任和最卓越的成就。

事实上，你无力左右外界事物与行为，但反过来外界事物与行为也无法对你造成伤害。是受到束缚还是得以解脱，这取决于你的内心。外界对你的伤害是对你自身行为与心态的一种反馈。那些只是手段，而你自己才是原因。种豆得豆，种瓜得瓜。公正的人是自由的，没有人能伤害他，没有人能毁灭他，也没有人能扰乱他的平静。他将心比心，善待他人，以柔克刚，总能保护自己不受伤害，任何可能来自外人的攻击反倒会对施害者自身造成伤害。他身上美好的品质就是那无穷的快乐与不竭的力量源泉。植根宁静，收获欢乐。

当一个人觉得他人的举动对自己具有攻击性时，比如说诽谤，那只不过是他心里对此举动的看法，事实上行为本身并无害处。是他自己给自己制造了伤痛和不快，这些负面情绪源于他对相关行为本质与力量的无知。他认为这些行为会永久伤害甚至毁灭他的性格，但事实上从来不存在这样的力量，那些行为只会伤害或毁灭其施行者。如果总想着自己是受害者，这个人就会变得焦躁不安、闷闷不乐。而且，他还会花费大量精力应对这种假想中的伤害，这样做反倒给诽谤披上了真实的假象，反倒助长了这种气焰。所有焦虑与不安都源于他对行为的反应，而不是行为本身。公正的人已经通过事实证实了这一点，事实便是，同样的行为丝毫没有给他带来困惑。因为他明白这个道理，所以对此并不在意。他已经超出了这个境界，已经脱离了如此低级的意识领域。他不为这些行为所干扰，对外界的戒备之心也消失了。他已经消除了黑暗心理，在那个心理世界，这种行为如杂草般丛生。这些行为对他无法造成伤害或打击，正如小男孩儿朝着太阳扔石头——无济于事。佛陀尤其注重这一点，在他临死之际，他不断地告诫自己的徒弟：只要一个人还有"我曾被伤害过"、"我曾被欺骗过"或"我曾被羞辱过"这些念头，他便还未理解这个真理。

外部事物（周边环境）就如他人行为那样，其本身并无所谓好坏，只是人们对待它们的态度和看法不同而已。有人认为，如果没有环境的阻碍自己便能大有作为，认为自己之所以难成大器是因为缺钱、缺时间、缺权势，以及受家庭的牵制。事实上人们丝毫不受这些因素影响，只不过他们在心里为这些东西贴上了子虚乌有的标签。他们并不是屈服于这些东西本身，而是屈服于对这些东西的主观臆想，也就是他们本性里的懦弱。真正阻碍一个人的是缺少正确心态。当他把外部环境视作鼓舞力量时，当他发现所谓的不利条件正是他实现成就的进步阶梯时，需求便会催生创造，障碍便会化为动力。人是决定因素。如果一个人心态很好，他就不会抱怨环境，而是会不断向上，征服并超越它。一个抱怨环境的人并不成熟，需求将会继续鞭策他练就男子气概，这样女人才会为之倾倒。环境是弱者头上残酷的主人，是强者脚下听话的奴隶。

束缚或解放我们的不是外界事物，而是我们对事物的看法。生活中遇到形形色色的事情，有人为自我束缚，作茧自缚，自我监禁，还有人为自己松绑，自建城堡，漫步于自由的境地。如果我认为周围环境紧紧束缚了我，那么这个念头就会对我产生约束；如果我认为自己可以在思想上和生活中突破环境的限制，那么这个念头便会使我自由。人应该扪心自问：我的思想是在引领我走向束缚，还是自由？弃前择后，方为明智之举。

如果我们担忧舆论、贫穷，朋友的淡漠和影响力的减弱，那么我们便是被束缚了，就不能领会到开明者的幸福和公正者的洒脱。但是如果我们思想单纯自由，看生活的态度发生转变，没有任何东西使我们心生烦恼或担忧，倒是事事都在推着我们往前走，没有任何东西阻碍我们实现人生的目标，到那时我们就获得了真正的自由。

习惯：奴役与自由

❖

人本质上是具有习惯的生物，这一点
无法改变，但是人可以改变自己的习惯。
人无法改变自身的本质规律，却能够适应
自然规律。

人受到习惯法则的约束。那么人是自由的吗？是
的，他是自由的。人没有创造生命及其法则，因为这
些都是永恒的。人只是参与其中，理解并遵从法则。
人的力量不足以去创造人类的法则，因为其存在于辨
别和选择之中。人不创造普遍的条件或规律，而条件
和规律作为事物的基本原则，既不是已有的，也不是
未完成的。人去发现它们，而不是创造它们。对它
们一无所知是世间一切痛苦的根源，反抗它们十分愚

蠢，并且受到束缚。谁是更自由的人呢？是那些无视国家法律的小偷还是守法的诚实公民呢？其次，认为自己可以随心所欲生活的愚蠢之人和只做正确事情的明智之人，谁又是更自由的呢？

人本质上是具有习惯的生物，这一点无法改变，但是人可以改变自己的习惯。人无法改变自身的本质规律，却能够适应自然规律。没有人想要改变万有引力定律，所有人都能适应它，而不是去反抗或无视它。人不会为了规律去撞墙或者跳崖。他们沿着墙走路，也不去靠近悬崖。

人不能背离习惯法则，正如人不能脱离万有引力定律一样，但人可以明智或不明智地运用习惯法则。科学家和发明家通过遵循和运用物理力量和规律来掌握它们，聪明的人则以同样的方式来掌握精神力量和规律。坏人是受习惯鞭打的奴隶，好人则是习惯明智的主人。让我重申一遍，人并不是习惯的创造者或任性的指挥官，而是严于自律的使用者，是懂得遵守规则的主人。他是拥有不良思维习惯和行为习惯的坏人，他是拥有良好思维习惯和行为习惯的好人（坏人有不良的思维习惯和行为习惯，好人则有良好的思维习惯和行为习惯）。坏人通过改变习惯成为好人。他并没有改变规律，而是改变自己，使自己适应规律。他没有屈服于自私的放纵，而是遵守道德原则。他通过追求良好习惯控制了不良习惯。习惯法则保持不变，而人则通过重新适应规律从坏人变成了好人。

习惯即重复。人一遍遍地重复相同的想法、相同的行为、相同的经历，直到它们与其本身融为一体，内化为其性格而成为其自身的一部分。能力是固定的习惯。进化是精神上的积累。今天的人是思想和行为数百万次重复后的结果。人不是现成的，而是变成的，并且始终在不断变化。人的性格是由自己的选择预先决定的。他根据习惯所选择的想法和行为造就了自己。

因此，每个人都是思想和行为的累积。他本能且毫不费力地表现出的性格是思想和行为长时间无意识重复的结果。这也正是习惯养成的本质。不知不觉中，拥有者最终不用做任何明显的选择和努力，就能重复某一习惯。在适当的时候，习惯对个体完全占据，使其无力抵抗。这种情况适用于所有的习惯，不论好坏。如果是坏习惯，人可以被称为恶习或邪念的"受害者"；如果是好习惯，他则会被认为天生处于"有利地位"。

所有人都将继续受自己习惯的约束，不论是好习惯还是坏习惯。这也就是说，受他们自己重复且不断累积的思想和行为的约束。了解到这一点后，聪明人选择受制于好习惯，因为这会带来快乐、幸福和自由，而受制于坏习惯则会带来痛苦、不幸和奴役。

这一习惯法则大有裨益。它虽然使人一味地重复，但同时也使人无比专注于好的行为活动，并无意识地采取行动。在这一过程中他享受幸福和自由，不受限制且毫不费力地凭本能去做正确的事情。注意到这种生活中的无意识行为后，人就否认了就人而言意志和自由的存在。这些人认为人的好与坏是"与生俱来"的，人只不过是盲目力量的无助工具而已。

人确实是精神力量的工具，更准确地说，人就是这些力量本身。但是这些力量不是盲目的，人可以控制这些力量，并且把它们引领到新方向。简言之，他可以掌控自己并重塑习惯。尽管事实上他有着与生俱来的特性，这一特性是数不清的生命通过选择和努力缓慢形成的产物。而在这一生中，这一特性将会被新的经历大大改变。

一个人因为某个坏习惯或不好的特性（两者基本上是相同的）而变得无助，这是一件显而易见的事情。然而，只要他头脑依然清醒，他就可以摆脱恶习而获得自由，并以与之相对的好习惯代替。等好习惯像之前的坏习惯一般统治他时，他就没有要摆脱好习惯的想法和需要了，这是因为好习惯占主导地位带来的是永久的幸福而非痛苦。

如果一个人的意愿足够强大，那么他就可以摆脱或者改变之前的习惯。如果他认为自己的坏习惯使他愉悦，那么他就不会想要放弃。只有当他认为坏习惯的专制让他痛苦的时候，他才会开始寻找逃避的方法，最终放弃坏习惯而去寻找更好的东西。

所有人都可以挣脱约束。同样的法则既可以让他成为自我约束的奴隶，也可以使他成为自我解放的主人。要了解这一点，他只需行动起来—有意去竭力抛弃陈旧的思想和行为方式，努力创造新的、更好的思想和行为方式。他也许无法在一天、一周、一月、一年或五年内完成，但也不应该灰心丧气。养成新的习惯并打破旧的习惯需要时间，但习惯法则是确定无误的，坚持不懈的追求就必定会取得成功。如果糟糕的条件、极小的否定可以变得坚不可摧，那么优良的条件、积极的原则能变得多么牢固且有力啊！只要人认为自己是无力的，那他就无力去克服自身的错误。如果加之于坏习惯的想法是"我做不到"，那么坏习惯会继续存在。除非无能为力的这种想法在头脑中被根除，否则什么都克服不了。最大的绊脚石不是习惯本身，而是习惯无法被克服的观念。如果一个人确信自己不能克服坏习惯，那么他就不可能将之克服；当一个人知道他可以克服习惯并且决定采取行动的时候，什么也无法阻挡他的步伐。约束人自己的首要想法是"我无法克服罪恶"。将这一想法完完全全地公之于众，看到的是对邪恶力量的信仰，另一方面，则是对正义力量的怀疑。一个人说或者认为自己无法克服错误的想法和行为，则意味着他顺从邪恶、放弃正义。

这样的想法和信念约束了人自己，而与之相反的想法和信仰则使其获得自由。心态的变化会改变人的性格、习惯和人生。人是自己的拯救者。他约束自己，也解放自己。他多年来不断寻找外界的拯救者，但却仍受约束。伟大的拯救者来自内心；他是真理的灵魂；真理的灵魂是正义精神；他的正义精神习惯性地存在于善的思想以及由此产生的善行中。

除了受制于自己的错误思想外，人并不受制于其他任何力量，他也可以从这些错误思想中获得自由。最重要的是，他需要将自己从奴化思想中拯救出来——"我不能成功""我不能改掉坏习惯""我不能改变自己的本性""我不能控制并战胜自己"。所有这些"不能"不存在于他们所屈从的事物中，只存在于他们的思想当中。

这样的否定是不良的思维习惯，需要根除，再播下积极的"我可以"的种子，悉心照料直至其长成强有力的习惯之树，孕育正确而幸福的生命果实。

习惯约束我们，习惯也让我们获得自由。习惯首先在于思想，其次在于行为。把坏的思想转变为好的，行为也会紧随其后。坚持坏习惯，你会被约束得越来越紧；坚持好习惯，你的自由范围将日益扩大。喜爱约束之人，就让他被约束着吧。渴望自由之人，就邀请他来享受自由。

做身体的主人

✤

> 同罪恶和悲伤一样，疾病和疼痛过于根
> 深蒂固而无法用缓和措施移除。我们的疾病
> 有着深植于头脑的伦理成因。

如今有很多不同的学校致力于治愈身体，这一
事实表明身体痛苦普遍存在，正如数百个宗教致力
于抚慰人的心灵从而证明精神痛苦的普遍存在。每
个这样的学校都声称自己可以减轻痛苦，其实这些
学校无法消除人们对疾病的偏见。尽管有这些学校，
疾病与疼痛依然存在，就像尽管有诸多宗教，罪恶
与悲伤也依然存在一样。

同罪恶和悲伤一样，疾病和疼痛过于根深蒂固而
无法用缓和措施移除。我们的疾病有着深植于头脑的

伦理成因。这并不是基于身体条件与疾病无关而得出的推论，身体状况作为工具和因素在诱因链中发挥重要的作用。携带黑死病的微生物是不洁净的工具，而不清洁主要是一种道德失范。物质是可见的思想，我们把身体冲突称为疾病，它同与罪恶相关联的精神冲突密切相关。在人当前的个体状态或自我意识状态下，他的思想持续受到强烈矛盾的欲望的干扰，他的身体受到病变因素的攻击。他处于精神不协调且身体不适的状态。动物在野生和原始状态下不会生病，因为它们很协调。它们与周围的环境相调和，没有道德责任和罪恶感，不会受到悔恨、悲痛、失望等因素的影响。这些因素对人的精神是毁灭性的，但人的身体却不会受到折磨。当人上升到神圣状态或拥有宇宙意识状态时，他将抛下所有这些内心冲突，克服所有的罪恶感，消除悔恨和悲伤。恢复精神协调之后，他的身体也随之恢复协调，获得健康。

身体是思想的反映，在其中可以追踪到潜在想法的明显特征。外在遵从内在，未来开明的科学家也许能够追踪所有身体疾病及其精神上的伦理成因。

精神协调或道德规范有利于身体健康。我说有利于是因为它不会魔法般地去创造健康，就好像一个人应该吞下一瓶药才能变得完整且自由。但如果精神变得更加镇定悠闲，如果道德得到升华，那么必然会奠定身体整体性的基础，保存力量，得到更好的指引和调整。即使未获得完美的健康，不论哪种身体紊乱都无力破坏强大振奋的精神。

当人开始根据道德和协调原则来塑造自己的思想时，其身体遭受的痛苦不一定会立即治愈。的确，一段时间里，当身体陷入危机并开始摆脱之前的不协调带来的影响，病情可能会加重。当人没有立即得到完美平静时，他就已经走上了正义之路，除了在极少数情况下，人必须经历调整的痛苦阶段。同样，除了极少数情况，人通常不能马上获得完美的健康。重新调整身体和精神都需要时间，即使尚未达到健康，也将接近健康。

如果人的精神强健，那么身体状况将会处于次要的从属地位，不再是多数人眼中最重要的事情；如果疾病尚未痊愈，精神可以不受其影响，拒绝被其压制。尽管有疾病，人仍然可以开心、强壮、有用。健康专家常常称，身体不健康就无法过上有益且快乐的生活。许多成就最伟大作品的人证明这一说法是错误的，他们是天才人物和各个领域的顶尖人才——身体都受着疾病的折磨。如今，很多人见证了这一事实。有时正是身体的病痛刺激了精神活动，帮助而非阻碍了精神工作。使有益且快乐的生活依赖于健康，就是将物质置于精神之前，使精神从属于身体。

精神强健的人不去深思他们的身体是不是有毛病，他们会忽视它，像没有任何问题一样工作和生活。这样对身体的忽视不仅使头脑清醒且强健，而且也是治疗身体的最佳资源。

精神有病之人远比身体抱恙之人更可怜。有些病人只要使自己有强健、无私的心态，就会发现自己的身体是健康且能干的。

有关自身以及自己的身体和食物的病态想法应该从人的头脑中清除。有些人臆测自己所吃的有益健康的食物会伤害自己，这些人需要通过强健精神来获得身体活力。认为人的身体健康和安全依赖于几乎每个家庭都缺少的某一特定食物，这一想法会招致小病小恙。素食主义者称他不敢吃土豆，认为水果会引起消化不良，苹果能产生胃酸，干豆有毒，他害怕绿色蔬菜，等等。这会使他对其宣称受到支持的崇高事业丧失信心，也会让他在坚定的肉食者眼中显得滑稽可笑，而肉食者并不受病态的恐惧和自省的影响。一个饿了、需要食物的人吃了地上的水果就会危害健康和生命，这样的想法完全误解了食物的本质和作用。食物的作用是维持并保护身体，而不是破坏身体。有一种奇怪的错觉，即确信最简单、最自然和最纯洁的食物本身是不好的，含有对生命无益的致死因素。这一错觉必然是对身体有害的，迷住了许多试图用节食追求健康的人。其中一个食物改革者告诉我，他相信他的疾病（以及其他成千上万人的疾病）是吃面包造成的，不是因为食用过量面包，而是由于面包本身，尽管他的面包食品是自制的坚果全麦面包。在我们把疾病归咎于无辜的原因之前，先清除自己头脑中的那些罪恶的、病态的、自我沉溺以及愚蠢的极端想法。

　　总是想着自己的各种烦恼和小病是软弱性格的表现。过度沉浸于这些问题就会经常谈论它们，反过来会使得它们在脑海中的印象更加清晰，很快人就会因为这些溺爱和怜悯变得意志消沉。脑子里总想着幸福健康和想着痛苦疾病一样方便，谈论它们也一样容易，只不过想念前者更加愉快有益。

　　　　让我们快乐地生活，不要去恨那些恨我们的人！

　　　　憎恨我们的人使我们摆脱仇恨！

　　　　让我们快乐地生活，在患病之人中免于疾病！

　　　　患病之人使我们摆脱疾病！

　　　　让我们快乐地生活，在贪婪之人中免于贪婪！

　　　　贪婪之人使我们摆脱贪婪！

　　道德原则是健康和幸福最坚实的基础。它是行为的管理者，涉及生活的每个细节。如果得到虔诚的拥护和明智的理解，道德原则就会迫使人重塑整个人生，乃至最明显的重要细节。当人严格控制饮食时，道德原则就会终止神经质、对食物的恐惧、愚蠢的心血来潮等毫无根据的想法。良好的道德健康可以消除自我放纵和自怨自艾，随后所有的天然食物看起来都是其本来面目——身体的滋养者而非破坏者。

对身体状况的深思让我们不可避免地想到思想，想到用不可战胜的保护来强身健体的道德品质。道德正确即身体正确。在不参考固定原则的情况下，不断用过去的观念和幻想来改变生活细节就是在困惑中挣扎。但是如果用道德原则管教细节，就有了开阔的眼界，所有的细节都各就其位、井然有序。

这是从个人角度仅以道德原则去理解道德秩序。其中蕴含着精辟入理直指原因的深刻见解，仅用它们就足以立刻使所有的细节各就其位、井然有序。

比治愈身体更好的方式是超脱于身体，做身体的主人，而不是受其专制；不要虐待身体，也不要迎合身体，永远不要将身体的索求凌驾于美德之上；约束并克制身体上的满足，不要被身体的疼痛所控制。简言之，活在道德力量的平衡和精神强大之下要好过治疗身体，目前来看这是一种安全的治疗方式，也是精神活力与精神安详的不竭源泉。

贫穷究竟是福祉还是祸害？

❖

社会改革中，人们普遍认为贫穷是社会的万恶之源；但也正是社会改革者认识到，金钱也是富而不仁的原因。

多数伟人，无论年轻还是年长，都曾抛弃自身财富，通过贫穷去实现崇高的追求。为什么，贫穷被认为是无比邪恶的？又是为什么，这个贫穷，虽被伟人认作福祉，被欣然接受为幸运星，但在普通人看来却是祸害，甚至瘟疫呢？两个案例就能解释这个简单的疑惑。案例一，在伟大灵魂拥有者的眼中，贫穷不仅摈弃了所有邪恶的特质，还升华为一种美好的事物，比财富和荣誉更加诱人，激发渴望。所以，这也是我们看到一类人幸福且活出自我时，会不自觉地去参照这类人生活方式的原因，就算这类人是高尚的乞丐也无妨。案例二，伟大城市的贫穷，是指城市里一切缺乏和令人厌恶的事物——咒骂、酗酒、肮脏、懒惰、狡诈和犯罪。而这之中，最邪恶的是贫穷，还是原罪？答案一定是原罪。如果贫穷不是原罪，贫穷就不是邪恶；贫穷已不再是世人眼中的邪恶了，它可以是好事，也能够带来荣誉。孔子喜爱的颜回就是这样的人。"贤哉回也，一箪食，一瓢饮，在陋巷，人不堪其忧，回也不改其乐。"贫穷无法玷污高尚的人格，反而更能够强化美好的特质。颜回的高尚品质照亮了贫穷，就像永不放弃的犹太人照亮了关押他们的牢笼一样。

社会改革中，人们普遍认为贫穷是社会的万恶之源；但也正是社会改革者认识到，金钱也是富而不仁的原因。有因，就有果。有不道德，就有贫穷的堕落，所以有钱人愈加不道德，穷人持续堕落。

惯于做坏事的人总是会犯错，不分场合，也不论贵贱。惯于做好事的人总是做该做的事，不分场所。

对财富的不满意，并不是贫穷。有些没有责任感的人，觉得拿着几百上千的收入就是穷，更有年收入几千上万的也觉得穷[1]。他们认为贫穷是极苦，其实是太过贪求。贫穷不会让他们终日寡欢，痛苦的是他们对财富的贪念。贫穷，其实比起一个追求的动作，更符合一种静态的观念。人，只要整日渴望财富，就永远觉得自己贫穷。这种意义下的贫穷，正是验证了贪念是一种贫穷观。尽管一个人资产已过百万，但他若是守财奴，就一辈子也挣不脱身无分文的诅咒。

从另一个角度来看，那些生活贫困且堕落的人，他们的问题在于满足现状。倘若一个人的生活环境又脏又乱，且好吃懒做、自我满足、思想肮脏、脏言诳语，实在是不得不让人谴责。我再三重申，"贫穷"是大脑的观念，而它作为一个"问题"，解决办法只能靠自我提升，毕竟外界的作用是有限的。让这类人从整洁开始，内心警醒吧。这样，他们就不再满足脏乱的环境，不再停滞思考了。经过整理思绪，就能带来房屋的整洁；他们跟其他人一样，能体会到归纳外

1　这里的金额需用 18 世纪的英镑衡量——译者注。

在事物就是归纳自我的事实了。改变内心，就能带来改变的生活。

当然，还有一类人。他们既不自我欺骗，也不自我堕落，但却依旧贫穷。这类人满足当前贫困的现状，也乐于维持。他们努力工作，欢欣鼓舞，别无所求；但是这群人中，还有着不满足现状的一小批人。他们野心勃勃，想要更好的居住和工作环境，想要拓展自己的事业。贫困，在他们眼中是一个刺激因素，能够激发自己的才能和精力。通过自我提升和工作投入，他们实现了对好生活和好工作的自我追求。

尽职尽责地投入到工作中去——即便受到多种因素的限制，但却能够带领你脱离贫困，收获社会影响力和财富，甚至走向实现完美的道路。想对工作深入理解，你或多或少地要把它与生活中一切美好的因素联系起来，比如说工作精力、所在行业、身心投入、工作目标、勇气、成就感、决心、自信心，以及在所有因素中起决定作用的自我放弃。有人问过一个曾经成功的人，"您成功的秘诀是什么？"他答道："早上六点起床，管好自己的事。"成功、荣誉，以及影响力永远属于那些关注自己事业，从不介入他人责任的人。

社会的浮躁在于大多数贫穷的人，比如从早忙到晚的农场和工厂工人，没有时间也没有机会获得其他的工作。这是一个错误。时间与机会对于某些人总是触手可得，从未离去。那些贫穷的工人，那些对现状感到满足的人，总是努力工作，在家开开心心，从不酗酒；但是那些总想着有更好地方的人，就会在业余时间自己读书，不停地准备着。勤劳工作的贫困者，说到底，是一群需要节省时间和精力的人；想要摆脱贫困现状的年轻人，就必须开始放下愚蠢的偏见，停止酗酒抽烟、节制寻欢作乐，把业余时间用在自我提升，寻求更多机会上。在历史上，这种持续不断的自我学习和提升，让众多的年轻人脱离了贫困，其中不乏影响力巨大的历史名人；以史为鉴，利用时间就是利用机会，而不像人们常认为的，投入时间会导致错过良机。对于那些不轻易自我满足、持续追求的人而言，固守贫穷只会更加绝望，求变才是迫在眉睫的重要事情。保持这样的状态，成就与机会便一定会走到他们的面前。

　　贫穷是不是邪恶，要看贫困者的内心状态和内在品格。财富也一样，根据有钱人的状态和品格来决定是不是邪恶。托尔斯泰对于他所处的富裕环境相当地恼火。在他看来，财富是邪恶的。他对于贫穷的求索，就跟贪婪的人渴望财富一样。然而，罪恶，毫无疑问总是邪恶的。因为它既能够贬低犯罪人群的价值，又能够轻而易举地妨碍社会发展。在对贫穷进行了深入的逻辑分析之后，整个问题最终还是落在人类和人心上。当社会改革者谴责罪恶，如同他们谴责财富时一样；当他们消灭错误的生活方式，如同他们消灭低收入时一般，我们会发现已经降级的贫困呈现出一种持续滑落的形式，而这就是我们文明社会中的一个黑暗面。在这类贫穷消失之前，在改革的过程中，个体的内心将会彻底地改变。当内心已被彻底净化，不再追求贪欲和私利时；当酗酒、污染、懒惰和放纵已经彻底地从地球上消失时，贫穷和富裕已经不再有概念上的区分，所有人都开开心心、兢兢业业地做自己没做的事情。这种情感对于人类完全是陌生的（那些内心早已纯洁的人除外），而且所有人都充满自豪，安然地享受着自己的劳动果实。

人类的精神支配

✦

人类对精神的支配是组成脑力支配因
素中最强的那个，而不是对身体的支配。
用执着与渴望去控制身体，意味着自我脑
力的衰退。

人类，命中注定要坚定不移地去建设一个王国，
这个王国就是人自己的思想和生活。但是这个已经展
现在我们眼前的王国，并不是与宇宙分离的，并不是
只有自己；这个王国与人性、与自然、与眼前发生的
事儿，甚至是广袤的宇宙紧密地联系在一起。因此，
掌握自己的精神王国，也要掌握生活的知识，这样，
我们就能够获得无上的智慧，形成深刻的洞见，从而
辨别好与坏，从而能够理解好与坏之外的事物，从而

能够洞察人类行为的原因和影响因素。

当前，人类或多或少地会被叛逆的想法所影响，想去完全彻底地控制生活。愚者认为世间万物皆可控制，只有自己是自由的。他们通过改变外物，为自己和他人寻找快乐。然而，由外物转化成的快乐只是短暂的，带来的知识也是无用的。如果一个人的身体承载了罪恶，无论怎样修补与照料，也无法恢复健康的状态。智者明白，在自我平稳之前，真正的掌控是不存在的。战胜自我之时，便是战胜外物之时。在神圣美德的宁静的力量下，人们终于发现了内在一直涌出、从不停歇的幸福。在身体积极的影响力下，人们放下了罪恶，净化又强化了自己的身体。

我们能够控制自己的思绪，能够管制自我。只有处在人的控制力下，我们的生活才是让人心满意足的，才是完美的。人类对精神的支配是组成脑力支配因素中最强的那个，而不是对身体的支配。用执着与渴望去控制身体，意味着自我脑力的衰退。平缓、修正、重新调整以及改变对抗精神的因素，是所有人类都应该且迟早将承担的一项神奇又伟大的事业。长期以来，我们觉得自己是外界力量的奴隶，但总会有这么一天，我们的精神之眼会睁开，这时它就会发现，自己长期以来都是那个未经管制的、未经洗礼的自我的奴隶。同时，它也会醒悟，感受到自己的精神世界不再是自己欲望、渴望和执着的奴隶，转而能够控制这些情感和情绪。那个它，一直习惯于在自己的王国中以哭泣的乞求者、受鞭打的奴隶身份而存在的它，现在也已经被有威严的自我控制所取代。那个它，现在的状态是井井有条，能组织，会协调，可解决纷争和痛苦的矛盾，始终让自己保持平静安宁。

因此，通过领悟并执行自己的精神特权，一个人便能够加入到那些高尚的人当中，同他们一样：克服无知、跨过黑暗期、承受精神折磨，最终发现真实。

征服：不放弃

❖

　　宇宙中所有的精神法则都与美好善良的
人同在，为他们保持美好的秉性，为他们抵
御邪恶。

　　敢去承担克服自我这项伟大任务的人，绝不会让
自己投身于任何邪恶，他会完完全全地遵从美好。顺
从邪恶的意志是人类最卑微的弱点，一心向善则是人
类最高的权利。如果人类把自己交给了罪恶、忧愁、
无知和苦难，就好像是在说："我放弃了，我失败了，
活着就是罪恶，我认输。"这是对美好事物的直接否
认，这种行为将邪恶视为宇宙中至上的权利。从人类
屈从邪恶的那一刻开始，生活就已经是自私且可悲的
了。但是处在善良与美好之中的生活，是人类思绪快

乐与平静的体现。这样一种美好的生活状态能够对抗邪恶的诱惑。

人生的本质不是为了永恒的屈从及悲伤，而是追求最终的胜利和快乐。宇宙中所有的精神法则都与美好善良的人同在，为他们保持美好的秉性，为他们抵御邪恶。邪恶之物没有法则，邪恶的本质追求破坏与虚无。

在对人类性格品行有意识地进行塑造，即趋美好而避邪恶时，日常的教育和培养目前并不在塑造培养的范围内。人类在道德概念上的意识增强，往往是无意识的，并且通常由生活中的压力和挣扎而激发。慢慢等待，该来的总会来。

我在此阐述的法则是指能够克服邪恶、消灭罪恶、让人内心永远建立起善念、心向和平的法则。然而，这些法则或者课程或许会被那些无知的人蒙上虚伪的外衣，甚至曲解原本的主旨。但无论何时，只要他能够让持有完美品格的人更加趋向完美，那这就是真实的法则。

征服邪恶，这里的"邪恶"不单单是指邪恶的人、邪恶的精神、邪恶的思绪，更是指邪恶的想法、邪恶的欲望、邪恶的行为。在每个人都摧毁了自己内心深处的邪恶之后，在宇宙中还能找到谁指着内心洁净的人说，"还有邪恶吗？"如果人人都摧毁掉邪恶的这一天真的到来了，那我们连一丝邪恶的痕迹都看不到了，我们再也见不到罪恶和忧愁，只有普天同乐的幸福长存。

第二章

做命运的主宰

行为、品格和命运

✦

当某些事情已成定局，人们总是绷紧了
每根神经，后来他们逐渐意识到存在一种不
属于自己的力量，它可以摧毁人们微弱的努
力，让他们嘲笑自己那徒劳的努力和挣扎。

自古以来就有这样一个普遍存在的信念，相信命
运是一种永恒的神秘力量，它安排好了个人命运或民
族兴衰。这一信念源自对生活现象的长期观察。

人们意识到自己无法控制或无法避免某些事情的
发生。比如说，生和死都是无法避免的，生活中发生
的许多事情同样也无法避免。

当某些事情已成定局，人们总是绷紧了每根神
经，后来他们逐渐意识到存在一种不属于自己的力

量，它可以摧毁人们微弱的努力，让他们嘲笑自己那徒劳的努力和挣扎。

随着年龄渐长，他们学会或多或少顺从那个未知的支配力量，慢慢能感知到它对自身和周围环境带来的影响。人们把这一力量冠以上帝、天意、天数、命运等名称。

诗人和哲学家善于思考，他们冷静地观察这神秘的力量是如何运作的：它一方面对自己青睐的宠爱有加；一方面对受害者予以重击，从不考虑对方的优缺点。

最伟大的诗人，尤其是戏剧诗人，在他们的作品中彰显了那种力量，这基于他们对大自然的观察。在古希腊和罗马戏剧作家笔下，英雄往往能预知自己的命运，并能够想尽办法摆脱命运的制约。然而，这些英雄最终还是一步步陷入自己本想要逃脱的厄运。另外，除了以预感的形式，很多作品中的人物并不具备预测命运的能力。因此，在诗人心中，一个人不论是否知道自己的命运，都无法逃避命运的安排，他的每个有意或无意行为只不过把自己一步步推向命运。

欧玛尔·哈亚姆（Omar Khayyam）的《神秘手指》生动彰显了以上对命运的看法：

神秘手指已经开始书写，
并不依据你的虔诚或智慧，
你无法引诱它删去半行字，
你的泪水也无法冲刷掉上面的任一字。

无论何时何地，所有的人在一生中都会感知到命运这看不见的力量及其规则，这些经历被凝练为一句精练的谚语："谋事在人，成事在天。"

但是就像普遍存在的矛盾一样，还有另外一个广受认可的信仰，那就是人类有责任成为自由人。

道德教育是对人类拥有自由的肯定，人们可以选择自己的人生道路并决定自己的命运。人类在实现这一目标的过程中付出了耐心和不倦的努力，这正是对自由和力量意识的宣言。

一方面是命运，另一方面是自由，这种双重体验导致了宿命论者和自由意志的拥护者之间无休止的争论，这一争论最近以"宿命论与自由意志之争"的形式再次上演。

在显而易见互相冲突的两个极端之间总有一条体现平衡、公正的"中庸之道"，它包含两个极端，因此它不是两个极端中的任何一个，而是让两个极端处于和谐状态。这条中庸之道是两个极端的联结点。

真理不会盲目偏袒任何一方，它本质上是两个极端的调解员，因此我们认为存在一个能够结合命运和自由意志的"黄金平衡点"。有了这一平衡点，人们生活中这两个不争的事实是一条中心法则的两个方面，这条法则统一包容，即"道德领域的因果法则"。

道德因果使命运和自由意志、个人使命和个人宿命成为必然。原因法则与结果法则别无二致，因果必须平等；无论是物质还是精神，必然存在因果平衡，才会有永恒的公正和完美。因此，每件事情的结果都是命中注定的，这先定的力量就是原因，而非自由意志。

每个人其实都难逃因果法则的影响。人的一生就是由因果组成，也可以说是一分耕耘一分收获。人的每个行为都是一个原因，必须由与之相对的结果来平衡。一个人可以选择原因（即自由意志），却无法选择、改变或逃避结果（即命运）。因此，自由意志是启动原因的力量，而命运影响结果。

事实上，人们注定要得到某些结果，其实是人们自己造成了这些结果（虽然人们不知道）；人们无法逃避自己的行为带来的善果或恶果。

有些人可能认为，人不需要为自己的行为负责，因为这些行为是由人的品格导致的；人也无须为自己的品格负责，无论好坏，品格都是天生的。如果品格是"天生的"，以上说法就有道理可言，那就不需要道德制约了，也没必要进行道德教育了。但是人的品格并不是与生俱来的，而是逐渐形成的，是道德法则本身带来的结果，也就是行为带来的结果。品格是无数行为的累积结果，由人在一生中的点滴行为累积而成。

每个人都是自身行为的制造者，也是自身品格的塑造者，因此每个人都是自身命运的缔造者。人们有能力改变自己的行为，每一个行为又能改变品格，由于我们向善或恶塑造自己的品格，我们为自己书写了新的命运——我们的命运与行为本身的善恶保持一致。品格就是命运本身。品格是行为的集合，承担那些行为带来的结果。这些结果像隐藏在品格深处的道德种子，等待合适的时机萌芽、生长、结果。

人们所遭遇的事情都是自身的反映，命运追赶着人们，人无法通过自己的努力逃避命运，也无法通过祈祷逃避。这是人们自己的错误行为向他们无情地讨债，祝福和诅咒都是自己发出声音的回响。

这条完美的法则至高无上，完美和公正地操控并调整人类的所有事情，善良的人能够爱他的敌人，能战胜所有仇恨、憎恶和抱怨。他不去责怪，而是平静地接受，耐心地偿还自己背负的道德债。

他所做的不止这些，他不仅偿还自己的债务，还小心避免欠下更多的债务。他密切监视自己，让自己的行为无懈可击。还清恶性债务的同时，他还积累了善行。当一个人纠正了自己的过失，就是终止了邪恶和苦难。

现在让我们一起思索，这条法则是如何具体运作的，是如何通过行为和品格书写命运的。首先，让我们着眼于现在的生活，现在是整个过去的总和，一个人的内在包含了他过去所有的想法和行为。我们还注意到，有时好人会失败，小人会得志——看起来似乎违背了"好人有好报"的道德箴言。有些人因此否定人们生活中公正法则的存在，甚至宣扬不公正才是王道。

然而道德法则真实存在，那些肤浅的结论不能改变或推翻这一事实。我们需要谨记，人会不断变化和进化。好人并不永远是好人，坏人也并非总是坏人。生活中有很多这样的例子：一个现在非常正直的人，从前并不正直；现在很慈善的人，从前却很残忍；现在心灵纯洁的人，从前却道德败坏。

相反，生活中也有许多这样的例子：一个现在不正直的人，从前却很正直；现在很残忍的人，从前却很善良；现在道德败坏的人，从前却心灵纯洁。因此，如果好人现在正在遭受困难，那是承担之前恶行结下的恶果，之后他会收获现在善行结下的善果。坏人现在收获从前善行结下的善果，之后他亦会承担现在恶行结下的恶果。

品格是固定的思维习惯，是行为的结果。一个行为重复多次后会变成无意识或自动行为，也就是说，行为实施者会轻而易举地重复这个行为，对他而言很难不去做这个动作，时间久了这个动作就变成他的心理品格。

有这样一个失业的可怜人，他很诚实，从不逃避自己的责任。他想要一份工作却以失败告终。他付出了很多努力，却依然失败。于他而言公平到底何在？曾经他也有很多工作要做，但他觉得工作负担很重，想要逃离工作压力，非常渴望安逸的生活。他认为要是无事可做该有多快乐啊！

这个人没有意识到命运的馈赠。他渴望安逸的生活，现在终于如愿以偿，但是当心中期待已久的生活真正到来，想象中的香甜果实却是满嘴苦涩。他已经身处期待中的状态，什么事儿也不用做，他不得不维持这一状态，直至他大彻大悟。

他肯定能意识到，习惯性的安逸是不光彩的，无所事事是可悲的，工作很高尚，是生活的馈赠。他之前的渴望和行为让他落得如今的下场，现在他渴望重新工作，不断寻找工作机会，最终肯定会得到好的回报。他不再渴望安逸的生活，导致恶果的原因也将不复存在，他会重返职场。如果他全心全意地投入到工作中，对工作的渴望胜过所有，他就会一心想着工作，继而取得事业成功。

如果一个人不理解生活中的因果法则，那么他便不会明白，为何有些人是工作主动找上门，而另外一些人苦苦寻觅工作却总是与之失之交臂。任何事情的发生都有缘由，种下了什么因，便会收什么果。每个人遭遇的一切都是由自己的行为造成的结果。

愉快地勤奋工作会成就一番伟大的事业，创造更多的财富；而逃避劳作或不满会让人消极怠工，造成财富的流失。因此，在不同的生活情境中，一个人的思想和行为造就了一个人的命运。也有各种各样的品格，它们是尚在生长或已经成熟的行为种子。

个人收获自己播撒的种子，而国家作为个体的集合，也收获自己播撒的种子。当一个国家的领袖一身正气时，国家就会强大；当公正的领袖离去时，国家也会随之衰败。当权者为人们树立了榜样，他们的善恶会影响整个国家。

伟大的国家享有和平与繁荣，这得益于努力建设国家的政治家本身拥有正直的品格。他们引领国家的力量打造道德文化，培养人们的品格。他们深知只有个体勤奋、正直、崇高，才能造就国家的繁荣昌盛。

伟大的法则仍然至高无上，它冷静公正地赋予人类稍纵即逝的命运，有欢笑，也有泪水，都由他们亲手造就。生活是最适合培养品格的学校，人们在这里遭遇冲突和斗争，见证邪恶和高尚，经历成功和失败，虽然进程缓慢，但人们一定会领略到生活的智慧。

自我控制的科学

✣

当代科学家研究人类自身以外的元素和力量，旨在控制和使用它们。而古代的科学家研究的是人类内在的元素和力量，目的也是控制和使用它们。

我们生活在科学时代。数以千计的人致力于科学事业，他们不断研究、分析和实验，旨在探索、发现和增长知识。

无论是在公共图书馆或是私人图书馆，书架上总是摆满了各类科技书籍，伟大的现代科学成果就在我们身边，触手可及。无论在家中或是街道上，在乡村或是城镇，在陆地上或是海洋中，科学的确为我们带来了非凡的装置和最新的成果，这为我们带来了更为舒适的生活，提高了我们的速度，将我们的双手从劳作中解放出来。

随着科学知识的巨大积累，还有随之而来的让人震惊的快速发明，有一个科学分支却逐渐衰落，几乎被人遗忘，而这门科学比其他所有科学分支加起来都要意义重大。如果没有这门科学，其他科学只会成为滋生自私的土壤，从而加快人类的毁灭。我所指的这门科学即"自我控制的科学"。

当代科学家研究人类自身以外的元素和力量，旨在控制和使用它们。而古代的科学家研究的是人类内在的元素和力量，目的也是控制和使用它们。有些古人借此成为伟大的智者，至今仍受人尊重，世界上众多的宗教也是以他们的成就为基石而建立的。

神奇的自然界力量远远逊色于人类思想的智慧集锦，人类的思想主宰并引导着自然界盲目的机械力量。由此可见，只要理解、控制、引导了激情、欲望、意志和智力等内在力量，就等于掌握了个人和国家的命运。

和普通的科学一样，这门神圣的科学也分成就等级。如果一个人学识渊博、内在崇高，对世界有很大的影响力，那么他就拥有出色的自我控制力。

自然科学家能理解和控制自然界的外在力量，而神学科学家则能理解和控制人类思维的内在力量。操控外在世界的规则也同样适用于内在变化。

一个人不可能在短短几周或几个月之内成为成绩斐然的科学家，甚至用几年时间都不行。只有经历了多年的辛苦调查研究之后，他说的话才称得上权威可信，他才能跻身科学家之列。同样，只有经过耐心劳作，一个人才能学会自我控制，领会自我控制带来的智慧与平和。这种劳作要更为艰辛，因为它是静默的，不为他人认可或赞赏。想要成功掌握这门科学的人必须忍受孤独，不图回报地付出，没有任何的外在奖赏。

自然科学家通过以下五个步骤获取知识：

1．观察：坚持不懈地密切观察自然界的现象。

2．实验：通过反复观察、熟悉所观察现象，之后开展实验，以期发现现象背后的自然法则。通过对现象的严谨分析，区分无价值和有价值的部分，最后摈弃前者，保留后者。

3. 分类：进行过多次观察和实验之后，积累并证实大量现象，科学家开始对这些现象进行分类，将其按照一定顺序分为几个类别，目的是发现潜在规律和隐藏的统一规则。这些规律和规则控制、调节现象，并使它们联结在一起。

4. 推理：基于前述的现象和结果，科学家发现某些不变的行为模式，并揭示出事物背后的隐藏法则。

5. 知识：已经证实并确立某些法则，可以说这个人掌握了某些知识。他是一位科学家，一个有知识的人。

尽管获得科学知识是一件很伟大的事情，但它并非最终目的。人类不会只关注获取知识本身，也不会像把华丽的珠宝放到黑暗的箱子里那样偷偷地把知识锁在自己的心里。获取知识的最终目的是运用知识服务生活，让世界变得更加舒适，更加快乐。因此，当一个人成为科学家后，他会用知识为世界带来福祉，无私地向人类贡献出自己的劳动成果。

还有一个步骤高于知识——运用知识。也就是正确无私地运用获取的知识，让由它引发的发明创造造福大众。

需要我们注意的是，这五个步骤或程序有固定的接连次序，如果想成为科学家，就不能省略其中任何一个步骤。例如：如果没有经过第一步的系统观察，就不可能走进自然界的秘密知识领地。

最开始摆在研究者面前的有大量事物，他并不理解这些事物，许多事物之间看起来相互矛盾，这让他感到困惑。在耐心地付出辛劳，经历过这五个步骤之后，他发现了事物的次序、性质和本质，找到了把事物联结在一起并使之处于和谐状态的中心法则，从而走出之前的困惑和无知状态。

神学科学家和自然科学家一样，也必须付出无私的辛劳，经历以上五个步骤去增进对自我的了解，锻炼自我控制能力。神学科学家需要经历的五个步骤与自然科学家一样，只是过程相反。思想并不基于外物，而是源于人的内心。调查研究的对象不是外在物质，而是人的内在思想。

探索神学知识的研究者最开始要面对大量的欲

望、激情、情感、想法和思考，这些是他所有行为的基础，他的生活从此展开。

所有这些无形却巨大的力量看起来一片混乱，表面上的一些矛盾显而易见，不可调和。他想要逃避自己经历的痛苦和困惑。接着他开始强烈地意识到自己的无知，知道无论想要获取自然知识还是神学知识，都必须经过研究并付出辛劳。

在意识到自己的无知以后，人就会开始渴求知识。通过以下五个步骤，自我控制力的初学者逐渐提升自己：

1. 内省：这一步相当于自然科学家的观察。思维的眼睛像探照灯一样审视着心灵，需要仔细观察并捕捉微妙而多变的过程。这需要远离自私的自我满足和世俗的愉快与野心带来的兴奋。观察的目的是了解自己的本质，这是自我控制的开端。在此之前，他盲目无知地受到自身冲动和外在事物及环境的影响，但是现在他能够监察自己的冲动，不再单纯地受控制，而是开始主动控制。

2. 自我分析：在观察过思维的趋向之后，科学家开始仔细检测并严谨分析这些趋向，然后区分那些恶的思维趋向（会带来令人痛苦的结果）和善的思维趋向（会带来令人平静的结果）。不同的思维趋向会引发不同的行为，这些行为也会产生不同的结果。科学家逐渐了解并掌握这些知识，能够理清多变且微妙的相互影响并发现深刻的结果。这是一个需要不断检验、证明的过程。对于研究者而言，这是一个被检验、被证明的过程。

3.调整：到了此时，对神学知识进行实践的研究者已经清楚地知道自己的每个趋向，了解自己本质的方方面面、思维最深奥的指引和内心最微妙的动机。他用自我检测之光探索并照亮了内心的每个角落，任何一处都没有放过。

他熟悉自己的所有弱点和自私之处、每一个强项和优秀品质。有人认为只有达到智慧的高度才能像别人那样客观认识自己，但是有自控力的人所做的远不止于此。他不仅能看到别人眼中的自己，还能看到自己最本真的模样。他和自己面对面站着，不再隐藏不为人知的缺点，不再用取悦人的奉承武装自己，不再低估或高看自己的能力，也不再受苦于自夸和自怜。如此这般他才会认识到眼前任务的崇高，看到自我控制的高度，并知道如何做才能达到目标。

他拨开眼前的迷雾，于是得以看见思维世界的运作法则，现在他要开始根据这些法则调整自己的思维。这是一个除草、筛选和清理的过程。就像农夫要在地里除草清理，这样才好种庄稼一样，学生要拔出自己心里邪恶的杂草，播下长出正确行为的种子，这样才能收获井然有序的生活。

4．正直：调整自己的思想行为，使之符合操纵痛苦和快乐、平静和不安、悲伤和幸福等思想活动的细小法则。现在他认识到这些法则中有一条最高中心法则，就像自然界的地心引力一样，它在思想界享有至高无上的地位。所有的思想和行为都遵循这一法则，受这条法则的管制才得以各就其位。

这就是公正或正直法则，它有普遍适用价值，至高无上，他必须遵循这一法则。人天生容易受到外在事物的刺激和吸引，易于盲目地思考或行动，而现在他不再这样做了，他的所思所做都遵循中心法则。他之前的所谓基于自我意识已转变为现在根据这个行为是否正确——必须是普遍意义上的永远正确。他不再是自我天性和外在环境的奴隶，而是变成了自我天性和外在环境的主人。

他不再任意挥霍思维的力量，而是开始控制引导这些力量以达成目标。他已经学会控制自己的天性，他的所思所为完全遵循正直的法则。这使他免受苦难和挫败，挣脱罪恶和痛苦、无知和困惑的枷锁，成为一个内心强大、冷静、平和的人。

5. 纯粹的知识：基于正确的思维和行为，他用经验证明了正义法则的存在。这条法则引导思维，也是引导人类所有事物和事件的统一法则，对个人和国家而言均是如此。之后，他通过自我控制不断完善自己，获取到神学知识，像自然科学家一样，他可以自称了解自己。

他已经掌握了自我控制的科学，走出无知和困惑，获取了知识。他获得了关于自我的知识，这些知识适用于全人类；他了解了自己的生活，这也可以延伸到所有人的生活——因为所有的思维本质相同（只是存在程度差异），都基于同样的法则。不同的人如果思维和行为相同，就会产生同样的结果。

和自然科学家的情况相同，神学家获取的精神层面的平静知识并不仅仅是为了自己。如果他占为己有，进化就会成为一纸空谈，事物也不会发展成熟。事实上，那些为了个人的私欲而获取知识的人最终都会失败。

除了这五个步骤，还有更具智慧的一个步骤，那就是合理运用知识。个人的劳动成果无私地在世界上传播，这样才能加快进步，升华人性。

如果一个人没有回归本真控制并净化自己的本性，那他就不能区分善恶，不会明辨是非。他整日追逐那些自以为会带来快乐的事物，试图躲避那些自认为会造成痛苦的事物。

这些人行为的出发点是自我，他们只有断断续续经历苦难和良心的谴责，才会从痛苦的点滴之间知道什么是正直。但对于那些亲身实践自我控制的人而言，他们经历了五个步骤，也就是五个成长阶段，所学知识能指引他们用维持万物的道德法则约束自己的行为。他们能够辨清善恶，明辨是非，由于他们能很好把握这些，因此他们的生活以好和善为准绳。他们不需要再去花精力区分愉快和不快，而是做正确的事；他们的本性与良心协调一致，不用再历经悔恨；他们的思维与伟大的法则一致，不再有磨难和罪恶；于他们而言，邪恶烟消云散，善良永垂不朽。

人类行为的因果关系

✣

科学家深信这样一个定理：任何结果都有其原因。如果我们用它去研究人类行为，就会发现公平原则。

每位科学家都知道（如今所有人都相信这一点），宇宙中的一切都可以体现完美的和谐，从渺小的尘埃到伟大的太阳。精妙的调整无处不在。在恒星的世界里，有无数颗像太阳一样的恒星在太空中运转，气势恢宏，它们还携带着无数颗旋转的行星、辽阔的星云、数目巨大的流星和彗星，它们在辽阔无际的太空中以惊人的速度运转，秩序井然。在自然界里，生命有着多面性，形式多样，受到特定规则的限制。这些规则的运作消除了混乱，统一与和谐得以长存。

如果宇宙的协调能任意被打破，即使是很微小的事物，宇宙也会停止正常运转，那样的话协调有序的宇宙将不复存在，留下的唯有混乱。不可能有个人力量凌驾于这条宇宙法则之上或者不受宇宙法则的管束，也就是说，没有任何个人法则能够违抗或废止宇宙法则。世界上存在的所有事物，无论是人或者上帝，都遵循这条宇宙法则而生存。最高等、最好的、最具智慧的生命会通过忠实遵循宇宙规则来彰显自己的智慧，因为这条规则最具智慧、最完美。

所有能看见的或者不能看见的事物都要遵循伟大而永恒的因果法则。所有看得见的事物遵循因果法则；所有看不见的事物——人类的思想和行为，无论是隐秘的还是公开的——都不能躲避这条法则。

"做正确的事情，它会给予你回报；做错误的事情，它也会给你相应的报应。"

完美的公正维持着整个宇宙的运行，规范着人类的生活和行为。今天生活的万千形态，都是因果法则作用于人们行为的结果。人能够选择他的所作所为，却不能改变结果的本质；人能够决定自己的想法和行为，却不能左右这些想法和行为带来的结果；这些都由至高无上的法则统管。

　　人们有能力决定自己的行为，但是一旦行为完成，他的能力就无用武之地了。人不能改变、删除或逃避自身行为所带来的结果。恶念和恶行会让人经历苦难，而善念和善行会为人带来福佑。由此可见，人的能力受限于自己的行为，他所经历的福与祸也取决于他自身的行为。知悉这一真理后，他的生活会变得简单、朴素和正确，所有的崎岖不平都变得平坦笔直，智慧得到彰显和升华，他最终找到并走上那条能够摆脱邪恶与苦难的救赎之路。

　　生活就像数学里的算术题。对于那些还没有掌握正确解题方法和技巧的小学生来说，数学确实是令人迷惑不解的难题。不过一旦掌握了解题方法，这道题就变得非常简单。简单和复杂是相对而言的，如果想了解生活是难是易，就必须认识到这样一个事实：当涉及很多数字时，有数百种算法都是错误的，唯有一个是正确答案。当小学生发现了这个正确的解题方法，就知道了正确答案。他不再困惑，因为他明白自己掌握了解决方法。

　　或许在那名小学生没有做对算术题时，他也有可能会认为自己已经算对了，只是还不敢肯定，他依然心有困惑。如果他聪慧好学，态度认真，被老师指出问题时他会认识到自己犯的错误。生活亦是如此，人们往往认为自己的生活方式很正确，其实一直在无知地犯错。但是疑问、困惑和痛苦暗示着还没有找到正确方法。

有些粗心的小学生只得到答案，却没有真正掌握解题方法，老师眼光敏锐、经验丰富，很快便能发现错误。因此，生活不能伪造结果，伟大的法则很快就能揭露你的错误。5 加 5 等于 10 是一个亘古不变的结果，无知、愚蠢或错觉都不能把它变为 11。

一个人如果只看一块布的表面，那他看到的仅仅是一块布；如果他深入观察这块布，研究这块布的加工，仔细观察，就会发现它由许多根线组成，这些线交错相连又根根泾渭分明，每根线都有自己的线路，不会和临近的线纠缠到一起。互不纠缠的线构成了一块布，而纠缠到一起的线只会成为没用的拖布条。

生活就像是一块布，构成布的线就是不同的个体。每个人就像泾渭分明的线一样彼此独立，互不纠缠。每个人都有自己的生活轨道。每个人要接受自身行为带来的结果，而不是他人行为带来的结果。每个人的轨道都简单明确，共同构成一个复杂而有序的整体。

一块耐用、完美的布不可能用劣质材料做成，同样，自私的想法和恶劣的行为也不会带来有价值的美好生活。每个人创造或改变自己的生活，他的生活不为旁人或外在事物所改变。一个人的所思所为是一根根线，或劣质或上乘，编织出他自己的生活。既然他制作了这件衣服，就不得不穿上它。一个人不必为他人的行为负责，因为他不是其行为的监护人；但是他要对自己的行为负责，因为他是自身行为的监护人。

"恶导致的问题"源自一个人的恶行，当这些恶行被净化以后，问题也就解决了。卢梭曾说过："人啊，不要再去寻觅罪恶之源了，人本身就是它的根源所在。"

结果永远不可能与原因分离，它与原因永远拥有同样的本质。爱默生曾说："公平不会缺席，完美的公平调节着平衡生活的方方面面。"原因和结果具有同时性，进而构成一个完美的整体。一个人在思考与说话的时候，残忍的想法和行为一旦形成便会危及其内心，他已经不是前一秒的那个他了，比之前可耻，内心的不快也有所增加。这些想法和行动会让他变成一个残忍的道德败坏之人。相反，善良的想法和行为——这些高贵和快乐也会带来改变；他会成为一个更好的人，一系列这样的行为会造就伟大的灵魂。

因此，完美无瑕的因果法则决定了个人的行为、善与恶、伟大与卑鄙、快乐与痛苦。一个人的所思所想决定了他的所作所为，而他的所作所为决定了他是什么样的人。如果一个人困惑、不快、焦躁、卑鄙，那就让他从自身寻找原因吧，他是造成这一切的唯一源头。

锻炼意志的七条规则

✤

人不可能同时集伟大和软弱于一身，在拥有坚强意志的同时不可能屈从于软弱的放纵。因此，想要变得更加强大的直接和唯一方法就是克服自己的弱点。

如果缺乏强大的思维，人将一事无成。锻炼坚定的品格，即意志力，是人的最高义务，它对尘世和永生的福祉来说都至为关键。无论是在尘世还是精神世界，坚定的目标都是成功的基础。

有些人打着提供培养意志力"神秘建议"的旗号，赚得盆满钵满。我们应该揭开这一神秘的真相并杜绝此类事情。因为培养品格的唯一途径是实践，而非神秘的方法。培养意志力的真正方法在于日常生活，这一道理如此浅显明了，以至于大多数人在追寻复杂神秘的方法时忽略了这一点。

只要稍加逻辑分析，就会发现人不可能同时集伟大和软弱于一身，在拥有坚强意志的同时不可能屈从于软弱的放纵。因此，想要变得更加强大的直接和唯一方法就是克服自己的弱点。培养意志的方法在日常生活中触手可及，这些方法存在于人们战胜自身弱点的过程中，克服这些弱点才能培养相应的坚强意志。那些成功掌握这个真相的人会知道锻炼意志有以下七条规则：

1. 改掉坏习惯

2. 养成好习惯

3. 关注当下的责任

4. 立刻投入做该做的事

5. 生活有条不紊

6. 控制自己的言辞

7. 控制自己的思想

人只要能认真反思并积极实践以上方法，就能拥有纯洁的目标和强大的意志。这会给予他力量，让他能够成功克服每一个困难，渡过每一个难关。

第一步就是改掉坏习惯。这并非易事，需要付出艰苦卓绝的持续努力，如此一来意志力才会得到激活和增强。如果一个人不迈出第一步，意志力就不会得到锻炼，因为他为了及时的愉悦屈从于坏习惯，缺乏自控力，是一个软弱的屈服者。那些不能自律的人，转而期待通过所谓的"神秘捷径"去锻炼意志力，自己并不付出太多努力。这么做不仅迷惑自己，也削弱了他所拥有的微弱的意志力。

通过摆脱坏习惯而增强的意志力有利于好习惯的养成，因为克服坏习惯需要顽强的意志力，而这也是养成好习惯的必要条件。想要做到这一点，人必须思维活跃、精力充沛，时刻监管自己。如果一个人能不断完善自身做到第二点，那么遵循第三条方法于他而言就并非难事，即关注自己当下的责任。

尽心尽力是锻炼意志力不可或缺的一步。漫不经心地工作是一个弱点。即使是做一件小事也应该追求尽善尽美。集中精力完成每一项任务，就会逐步做到对单一目标的专注和精神的高度集中，这两种精神力量会让品格更具有价值，给人带来安宁和快乐。

第四条规则也同样重要：立刻投入做该做的事。懒惰和坚强意志不可能同时存在，拖延是有决心的行动的最大障碍。任何事情都不能拖延，哪怕短短几分钟也不行。今日事今日毕。看起来是件小事，却有长远影响。这会带来力量、成功和平静。

意志坚强的人必须生活有条有据。人不能盲目地放任自己的激情和冲动，必须驯服它们。必须根据规则生活，而不是追随激情。

人必须明确自己该吃什么穿什么，不该吃什么穿什么，一天该吃几餐，在何时进餐，什么时候睡觉，什么时候起床。人应该为日常生活制定行为规则并且严格遵守。如果一个人过着放纵和无节制的生活，吃喝都凭着本能需要，盲目服从胃口和偏爱，这样活着就像是一只动物，而不是一个拥有意志力和理智的人。

人的野性必须经过鞭笞和训练才能被驯服，通过正确的行为法则来训练思维和规范生活。圣人之所以神圣是因为没有违背自己的誓言，人只有依据固定的良好规则生活，才能强大地达到目标。

第六条规则——控制自己的言辞，应该不断实践直至能够很好地管控自己的言语，才能不说那些不满、愤怒、焦躁或者罪恶的话语。意志力顽强的人不会随随便便地发表一些不加管制的言辞。

如果遵守以上六条规则，接下来就是第七条，也是最重要的一条规则——控制自己的思想。自制是生活中重要的事情，耐心遵守所有规则并且将其融入生活的方方面面的人，会通过自己的经历和努力学会如何控制和锻炼自己的思想，从而会赢得人类最高贵的王冠——完美的坚定意志。

做事一丝不苟

✦

　　适者生存法则的基石并非残酷，而是公正，这只不过是处处奏效的伟大公正原则的一个方面。

　　要像做大事一样一丝不苟地做好每一件小事。生活中的小事很重要，这个道理很多人都不知道，有人认为可以忽略小事，将其搁置在一边，或者干脆忽略不计。拥有这种想法的人缺乏一丝不苟的严谨精神。这种情况很常见，它会让人工作不完美，生活不幸福。

　　生活中的伟大事物都由微小事物组成，九层之台起于累土，没有微小的累积就不可能造就伟大。明白这一道理后，一个人会开始留意之前认为没意义的小事，进而学会一丝不苟，成为一个有价值、有影响的人。是否拥有一丝不苟的精神，会造成生活上的云泥之别。前者带来平和而充满力量的生活，后者只会带来悲苦和软弱。

所有雇主都知道这一品质的难能可贵，知道很难找到愿意一心扑到工作上并且能尽善尽美地完成工作的雇员。低劣的工艺泛滥成灾，而拥有精湛技艺的匠人却少之又少。轻率、粗心和懒惰是常见的恶习，不管"社会改革"进展到哪一步，失业率依旧不断走高。那些现在不认真工作、推卸责任的人，到明天就得辛苦地找工作了。

适者生存法则的基石并非残酷，而是公正，这只不过是处处奏效的伟大公正原则的一个方面。恶习必须受到"不断地鞭笞"，否则培养美德就是遥不可及的目标。轻率和懒惰无法与细心和勤奋相提并论，更不用说优于它们了。我的一个朋友曾告诉我，他的父亲给所有子女如下建议：

　　无论你将来做什么工作，全心全意地投入工作并把它做好，这样你就不用担心自己

的生活没有保障。任何时候，工作一丝不苟
的人总是更受欢迎。

　　我认识一些人，多年来他们一直找人去做一些不
需要特别技巧，但是需要有远见、充满活力且细心的
工作，以确保精湛的工艺，但他们的努力往往都付诸
东流。有些雇员粗心、懒惰、能力不足、不负责任，
最终一个个被解雇，更不用提其他的恶习了。然而，
声势浩大的失业大军仍大声疾呼反对法律，反对社
会，反对上天。

　　人们普遍缺乏一丝不苟的精神，很容易就能找到
原因：对愉悦的渴求不但导致对工作的厌倦，还让人
无法把工作做到最好，不能尽到自己的责任。不久之
前，一件事情引起了我的注意：在强烈要求之后，一
位可怜的女性得到了一份重要且报酬不错的工作。刚
入职不久，她便开始讨论自己即将开始的"快乐旅
行"。然而，月末她就因为失职被炒了鱿鱼。

　　两个物体不能同时占据一个位置，因此满脑子想
着享乐的人无法专注于履行自己的职责。

享乐有自己的专属位置和时间，人在应该全心全意履行职责的时期，就不能老想着享乐。那些边工作边想着享乐的人，只会把工作搞得一团糟，甚至会乐不思蜀，在沉溺于享乐时全然忘记了工作。

一丝不苟就是完整，也是完美，它意味着把事情做得尽善尽美，无可挑剔；意味着做一件事情的时候，如果不是比其他人好，至少也不会比其他人做得差。一丝不苟意味着勤加思考，投入精力，全神贯注，培养耐心、毅力和责任感。正如一位老师所说："无论做什么事情，都应该竭尽全力。"

人如果在履行世俗职责时不能全力投入，那在精神层面亦是如此。他无法提升自己的品格，对自己的宗教信仰也无法全心全意，最终也不会得到什么有价值的好结果。如果一个人既想享受世俗愉悦，又想追求宗教信仰，想着自己能够从这两个方面获益，那么他既不能好好享乐，也不能在宗教信仰方面有所收获，最终两者均无所收获。与其做一个半吊子宗教信仰者，还不如做一个十足的世俗人。三心二意地追求伟大还不如全心全意地做好微小的事。

全心全意总是更好的选择，它有助于塑造好的品格，增长智慧；它会加快前进的步伐，转坏为好，同时也会超越更好，实现价值的新高度。

塑造思想，创造生活

✦

　　建设的过程一定伴随着摧毁。旧事物已经完成了自己的使命，应该被打破，它的组成材料会重新组合成为新事物。

　　所有天然和人造的事物都经历逐步发展阶段。岩石由微粒构成，植物、动物、人类由细胞组成，房屋由砖头建成，著作由字词组成。大千世界形态万千，大城市包括无数房屋建筑。艺术、科学、国家机构都是经过许多人的努力才得以成形。国家的历史就是无数人的建设过程。

　　建设的过程一定伴随着摧毁。旧事物已经完成了自己的使命，应该被打破，它的组成材料会重新组合成为新事物。这是一个交互的融合与分裂过程。于所有的复合体而言，老旧细胞不断死去，新细胞生成并取代旧细胞的位置。

人的工作也需要不断更新，直至老旧无用，被淘汰是为了服务更高的目标。在自然界中，摧毁和创建的过程被称为死亡和新生；在人造世界里，这两个过程被称为摧毁和复原。

摧毁和创建这两个过程普遍存在于物质世界里，同时也适用于精神世界。人的身体由细胞组成，房屋由砖头建成，人的精神世界由思想构成。人的不同的性格由不同的思想造就。如此一来，我们便能理解这句话的深刻含义："一个人怎样思考，就会成为一个怎样的人。"个人性格是思想固化的过程，思想成为整体性格的一部分，也就是说只有强大意志和高度自律才能改变人的性格。性格的塑造与树木的成长及房屋的建造过程一样，都需要不断添加新材料，只不过性格添加的是思想。数百万块砖建成了一座城市，数百万个思想塑造了人的性格。

每个人都是思想塑造者，无论他是否意识到这一事实。每个人都必须思考，而每次思考都会为思想大厦添砖加瓦。很多人随意而粗心地完成"添砖加瓦"的任务，结果只会得到变化多端和动摇不定的性格。一旦面临诱惑或者遭遇麻烦，这种性格就会瞬间倾塌。

也有些人在塑造思想时添进太多的不纯洁想法，就像许多有裂缝的砖一加进去就会粉碎，使建筑物不完整且外表不雅观。建筑物的主人住在里面也感到不舒适、不安全。虚弱的思想有害健康，过度享乐的想法令人萎靡不振，失败的衰落思想、自恋和自夸的病态思想就像毫无用处的砖块，它们不能支撑起坚固的思想宫殿。

明智选择并合理置放的纯洁思想，就像经久耐用的砖块，能够建成完整美观的大厦，能为拥有者提供舒适和庇护。能带来力量、自信和责任的思想令人振奋，能创造开阔、自由、解放、无私生活的思想鼓舞人心，这些都是有价值的砖块，能够支撑起思想宫殿。建造宫殿需要摧毁无用的老习惯。

每个人都是自己的缔造者。如果他居住在偷工减料的思想宫殿里，许多麻烦就会蜂拥而来，失望也会像凛冽的寒风呼啸而至。此时他应该建造一座更坚固的宫殿，能为他提供庇护来抵抗这些麻烦。那些试图把偷工减料的过错转嫁给魔鬼、自己的祖先或者其他人或事，而不是从自身找错误的人，他们的所作所为并不会带来舒适，也不会有助于建造更好的住所。

当一个人认识到自己应该承担责任，并且正确估计自己的能力，他就会像一个真正的匠人那样开始建造，会塑造匀称完整的品格。这种品格经得起时间的考验，会得到后人的称颂，也会为他自己带来永久的保护。他逝世之后，这种品格也会为其他挣扎者提供庇护。

整个宇宙基于一些精确规则而存在。物质世界中人类的伟大成就都源自对隐晦规则的观察，而成功、幸福的美妙生活源自认识并运用一些简单的根本规则。

要想建造的大楼能够抵抗最猛烈的风暴，必须依据简单而精确的规则或者法则，比如说方或圆。如果忽略了这一点，那么大楼在建成之前就会倒塌。

同样，如果一个人创造了成功、坚固而规范的生活，这种生活能够抵挡最艰难的逆境、诱惑和风暴袭击，他的生活根基肯定是一些简单、坚定的道德准则。

我们可将其归纳为：公正、正直、诚恳、善良。这四条准则对于生活而言，就像建造房子地基的四条边线。人如果忽略这四条准则，试图通过不当手段、阴谋诡计和自私自利来获取成功和幸福，那他就是在幻想能忽略基准线去建造房屋。最终他只会得到失望和失败。

他可能会暂时获利，从而误以为依靠不当手段和欺骗可以赚钱，但事实上，他的生活如此不堪一击、摇摇欲坠，随时都会分崩离析。当危机来临（危机终会来临），他的事业、名誉和财富都会被摧毁，他只能在忧伤中了此余生。

一个人如果忽略以上四条道德准则，就无法拥有真正的成功与幸福；相反，如果一个人严格遵守以上原则，就一定会获得成功和福佑，就像地球只要沿着既定的轨道运转，就必定会从太阳那里得到光和热。因为他与宇宙的根本法则相协调，他创造生活的根基永恒不变，且不可推翻。因此，他的所作所为都经得起考验，他的生活协调、和谐、坚不可摧。

对于宇宙中所有基于无形、正确的伟大法则的事物而言，即使最微小的细节都严格遵循精确法则。显微镜揭示出这样一个事实，无限微小和无限伟大的事物一样完美。一片雪花和一颗恒星一样完美。

同样，人在建造房屋时，必须注意每一个细节。第一步是打地基，尽管它后来会被掩埋，也应该得到最认真的对待，它比房屋的其他部分都要牢固。接着借助铅垂线在地基上面垒上层层石头和砖块，直到建成一座耐用、坚固、美观的房屋。

生活也是如此。一个人要想过上安稳愉快的生活，摆脱困扰大多数人的痛苦和失败，就必须把践行道德原则融入到生活的各个方面，融入到短暂的义务和微不足道的事务中。做每件小事时都应该一丝不苟、真诚以待，不忽略任何细节。

无论是商人、农学家、专业人员，还是工匠，忽略任何一个微小细节，就像在建造房屋时少加了一块砖石，早晚都将带来麻烦。大多数惨遭失败和痛苦的人，都是因为忽略了看起来微不足道的细节。

有人认为可以忽略微小的事情，伟大的事情更为重要，因而需要关注，这种看法是错误的。只需对宇宙细加观察，抑或是对生活稍加反思，就会发现所有伟大都由细微构成，而这些细微的每个细节都很完美。

一个人如果能把以上四项道德准则作为生活的法则和基础，在其上筑造品格的大厦，他的所思所想、一言一行都不背离原则，他的所有职责和事务都严格遵守原则，那么他就能为正直的内心打下无形的牢固基础，这座大厦必将会为他带来荣誉。他所建造的宫殿会给他带来平静与福佑，这一定是一座美轮美奂的生活宫殿。

如何培养专注力

❖

> 无论成功的方向是什么，每位成功人士
> 都有专注力，尽管他并没有意识到这是一种
> 修炼。

专注力就是把所有心思集中一处。对于完成任何一项任务来说专注力都至为重要。专注力造就了专心和卓越。这种能力超越自身，对其他所有能力和工作都有帮助；它自身不是目的，却可以服务其他目标。就像机械里的蒸汽一样，专注力是思维引擎和生活运转的动力。

专注力是一种常见的能力，但是想要在专注方面做到极致却不容易；意志力和理智也是常见的能力，但是泰然自若的意志力和全面的理智却不常见。

无论成功的方向是什么，每位成功人士都有专注力，尽管他并没有意识到这是一种修炼。当他醉心于书本或沉浸于任务时，或全神贯注、勤勉履行职责时，专注力或多或少都是必要因素。

眼睛盯着鼻子、门把手、一幅画、神秘的标志或是圣贤的画像，把意识集中到肚脐、松果体或者空间中想象的一点（我看到有些书很认真地提出以上建议），诸如此类培养专注力的方法根本不可行，就像只学会嚼东西的动作，却不嚼食物。这些方法并不能帮助我们达到最终目标。

这样做只会带来分散而不是集中，只会带来软弱和低能，而不是强大和智慧。我就曾经遇到过这样的人，通过实践这些方法反而消耗了自己本有的专注，最后变得软弱、徘徊不定。

专心能帮助我们做好某件事，它本身并不是终极目标。专心能帮助我们更好地控制大脑，从而帮助我们完成工作。

有的人工作漫无目的、匆匆忙忙、不加思考，指望着通过盯着门把手、图片或者鼻尖等一些没用的

"培养专注力的方法"，获得某种想象中的神秘力量。其实这种力量稀松平常。它甚至很有可能让人变得精神错乱（我就认识这么一个人，他因为练习这些而患上精神病），根本无法提升精神的稳定性。

专注的最大敌人是犹豫、恍惚和懒散，对于其他能力而言亦是如此。但是只有专注才能达到某些目标。和行为一样，专注能够让我们的思维得到平和，否则就无法做到这一点。但是专注本身是没有活力的，本身不是成就。

专心与生活息息相关，不能使之与职责分离。如果一个人想摆脱自己的任务和职责来做到专注，不仅会以失败告终，还将降低控制思维与执行的能力，最终他会逐步远离成功。

一支纪律散漫的军队没有价值。想要让这支军队行动高效、敏捷，能够很快打胜仗，就必须集中精力，严格听从指挥。只有思想集中才能使人靠近成功，取得胜利。

培养专注力并不会比学习其他东西有更多的诀窍，因为它受制于所有发展的潜在规则，即实践。要想做成一件事，必须开始做这件事，并且持续做这件事，直到一切尽在掌控中。这一规则到处可行，不仅在艺术、科学、贸易领域可行，还适用于学术、实践和宗教领域。想要学会画画，必须开始画；想要熟练使用某种工具，必须开始使用这种工具；想要变得学识渊博，必须开始学习；想要拥有智慧，必须做明智的事；想要很好地集中精力，必须尝试去集中。但是仅仅做事情还不够，做事情的时候还必须精力充沛、发挥才智。

想要学会专注，最开始要学会在日常生活中锻炼自己，把自己的才智和精力集中到要做的事情上。一旦发现自己的思绪涣散，就要立马把它拉回正在做的事情上。

思绪应该集中的"中心点"不是松果体，也不是某幅图画，而是你日常的工作任务。只有精力集中，才能顺利地提高工作效率，培养完美的技能。做到了这一点，就意味着你能够控制自己的思绪且已经学会了如何专注。

万事开头难，想在工作中有效集中思想和精力，刚开始很难做到这一点。但是只要日复一日地努力，竭尽全力付出并且耐心等待，很快就会拥有一定的自控能力，能把强大而敏捷的头脑集中于某项任务。这个人很快就会把握工作的所有细节，并且精确无误地完成工作。

他的专注能力得到提升，拓宽了自己的作用领域，增加了自己对世界的价值，从而获得更多的机遇，打开了升职的大门。接着，他会享有更加宏大、更加充实的生活所带来的乐趣。

要想集中精力，必须经历以下四个步骤：

1．提高注意力

2．认真思索

3．入神

4．静止中的运动

最开始思维被捕捉，大脑集中于现有的任务，这就是提高注意力。头脑里的活跃思维被激活，思考如何推进任务，这就是认真思索。

长时间的思索会使头脑关闭所有感官，屏蔽外界的纷扰。此时，思维被包围，高度集中于当下的任务，这就是入神。当头脑专注于沉思，也就达到了某种状态，此时可以在受到最少干扰的情况下完成最多的任务，这就是静止中的运动。

提高注意力是完成一项工作的第一阶段，缺乏注意力注定会一事无成。懒惰、粗心、无视和无能也会导致失败。集中注意力会唤醒大脑进行认真思考，也就来到了第二阶段。要想确保在日常生活中取得成功，完成以上两个步骤就足够了。

对于大多数技艺精湛、能力足够的劳动者而言，或多或少都能走完上面的两个阶段，能够完成多种多样的工作。只有少数人才会达到入神这一阶段，也就等于位居天才之列。

在前两个阶段，工作和头脑是分开的，完成工作的过程中多多少少要付出辛劳，遇到一定的矛盾。然而，在第三阶段，工作和头脑发生融合与联结，两者合二为一。此时，工作效率得以提高，工作的辛劳和矛盾得以减少。在完美的前两个阶段，头脑客观参与其中，很容易受到外界声色的干扰。但是当头脑达到入神这一阶段，工作脱离客观状态，进入了主观状态。

人沉浸于思考，忘却了外部世界，完全投入到头脑运转中。别人和他讲话，他也听不见，如果施以诱惑吸引，他会如梦初醒般回到现实世界。在主观世界里，那里秩序井然，充满洞见和极佳的理解能力。达到入神状态的人会在所关注领域展露出天分。

发明家、艺术家、诗人、科学家、哲学家和其他天才都达到了入神阶段。这些天才主观上可以轻松地完成某些工作，而那些普通人——没能超越集中精力的第二阶段，无论付出多少辛劳，取得的成就都无法与天才相提并论。

当达到第四阶段——平静的活动，就做到了集中注意力的极致。我尤法找到一个合适的词语来全面描述这样的二元状态，这个状态同时包含强烈和稳定，因此只能用"静止中的运动"来形容。

这一说法看起来相互矛盾。用陀螺的例子能很好地解释这一矛盾。当陀螺旋转的速度最大时，摩擦力降到最小，陀螺处于相对静止状态，看起来很美妙。小男孩被它迷惑，认为陀螺处于"睡眠"状态。

陀螺看起来静止不动，其实处于工作状态，它没有倦怠，而是进行着激烈而平衡的运动。高度集中的头脑思维活跃，可以帮助人高效完成工作，达到平和的静止状态。外表看来没有明显的运动，没有外界的纷扰，拥有这一能力的人或多或少都会很冷静镇定。当思维极度活跃时，外表看起来会更为平静。

集中注意力的每个阶段都有独特的优点。第一阶段可以让人获得价值；第二阶段可以让人拥有技能、能力和才能；第三阶段让人有创意和天分；而第四阶段让人熟练、强大，造就非凡与卓越。

培养专注力和所有的发展过程相似，下一个阶段完全包含之前的所有阶段。因此，认真思索时已经提高了注意力；入神的时候注意力已经提高，并且进行认真思索；而达到第四个阶段的人已经完成了前面的三个步骤。

拥有极致专注力的人随时可以集中精力，认真研究并深刻理解一件事。他可以从容地拿起或放下。他知道如何运用思维的力量去达成目标。他不是软弱的徘徊者，思绪不是一片混沌，而是一个明智的行动者。

抉择、精力、机敏、熟思、判断、庄重伴随着专心的习惯。通过活跃思维的训练培养专注力，可以让人的价值得到升华，取得事业成功，也会达到一个更高的境界，即"冥想"，此时人的内心世界被点亮，进而获得精神层次的知识。

冥想训练

❖

冥想贯穿人的一生。一个人通过冥想实践可以不断取得进步，由于他变得更加坚强、纯洁、冷静、聪慧，因而能更好地履行不同生活情境中的职责。

渴望与专注结合就是冥想状态。如果一个人不满足于世俗的享乐生活，强烈渴求更高尚、更纯洁、更幸福的生活，说明他拥有渴望。当他集中精力于提高生活的质量，他就在实践冥想。

没有热切的渴望，就达不到冥想状态，唯有了无生气和漠不关心。一个人的渴望越强烈，越容易打开冥想的大门，从而获得成功。只有渴望完全苏醒，最热烈的本质才能在冥想中获得真理。

想要取得世俗的成功需要专注，而想要取得精神的成功则需要冥想。通过专注才能获取世俗的技能和知识，通过冥想才能获得精神的技能和知识。专注能够帮助人登到天赋的巅峰，却不能帮助人达到真理的巅峰。为了达到真理的巅峰，必须学会冥想。

专注可以让人获得极高的领悟力和强大的力量，冥想可以让人获得神圣的智慧和平静。极致的专注带来力量，极致的冥想带来智慧。

专注帮助人获取生活中科学、艺术、贸易等领域所需的技能。冥想能够让人获得生活本身的技巧，比如正确的生活、启蒙、智慧等。圣贤、哲人、救世主，这些智者和精神导师都由神圣的冥想造就。

专注的四个阶段在冥想时发挥了作用，这两种力量方向相同，性质却不同。冥想是精神上的专注，是思想集中探索神圣的知识和生活，是思维和真理的居所。

于是人们最渴望认识和了解真理，之后他们会关注个人行为、生活和自我净化。关注这些事情时，他们在认真思考这些事实、问题和生活的奥秘，通过反思他们完全被真理征服，他们的思维不再被各种欲望吸引，而是集中精力解决生活中的问题，认识到与真理的结合就是入神。此时他们的品格也变得平静沉稳，即静止中的运动，他们的头脑也获得自由，受到启发，趋于平静。

冥想的难度要高于专注，因为它对自制力的要求更高。一个人在没有净化心灵和生活的情况下也能做到专注，而净化却是冥想不可或缺的一部分。

冥想的目标是获得神圣的启迪和真理，因此冥想与净化和正义紧密结合。一开始，真正花在冥想上的时间很短，可能每个早晨花上半个小时冥想，由此所获得的知识可以用于实践，贯穿一整天。

冥想贯穿人的一生。一个人通过冥想实践可以不断取得进步，由于他变得更加坚强、纯洁、冷静、聪慧，因而能更好地履行不同生活情境中的职责。冥想的原则有两个层面，如下所示：

1. 通过反复思考纯洁的事物来净化心灵

2. 通过在实际生活中践行净化来获取神圣的知识

人是会思考的动物，人的生活和性格都由他的习惯性思维决定。思想通过实践、联想和习惯不断重复，而这种重复会变得越来越轻松和频繁。思想引发无意识的行动——"习惯"，继而通过习惯"固定"性格。

因为长期受纯净思想的影响，进行冥想的人养成习惯进行纯洁开明的思考，继而做出纯洁开明的行为，能够更好地履行职责。经过不断重复的纯洁思考，他的思想也变得纯洁，使他成为一个纯洁的人，这一点在纯洁的行动、安宁智慧的生活中有所体现。

大多数人生活在互相冲突的欲望、激情、猜疑之中，变得焦躁不安，情绪很不稳定。但是当他们开始训练大脑进行冥想，就会使思绪集中于某个中心原则，逐渐学会控制自己内心的矛盾。

这一方法可以打破不纯和错误的所思所为等旧习惯，养成纯洁和正确的新习惯。这个人与真理越来越协调一致，达到和谐、长远、完美和平静的状态。

对真理的热切和崇高渴望通常伴随着生活的悲伤、短促和神秘感，只有超越这个状态才能做到冥想。如果只是陷入沉思，或者做白日梦消磨时光（很多人认为这就是冥想），则与冥想南辕北辙，不具有冥想的崇高精神意义。

很多人会错把幻想当成沉思。在追求冥想状态时应该避免这一致命错误，绝对不能混淆两者。幻想是随意而凌乱的梦，让人堕落；冥想是强大而清晰的思考，使人上进。幻想很容易，它让人愉悦；冥想刚开始很困难，并且使人厌烦。

幻想源自懒惰和奢侈；冥想生于奋发和自律。幻想一开始非常诱人，给人带来感官上的愉悦，最后变得俗不可耐；冥想最开始难以亲近，之后让人从中获益，最终让人获得平静。幻想有极大的危害，它能够摧毁自控力；冥想是安全的，它能够增强自控力。

以下种种迹象可以表明你所做的是幻想还是冥想。

以下迹象表明你正在幻想：

1. 希望不付出努力

2．希望享受做梦带来的愉悦

3．越来越厌恶自己的职责

4．希望推卸责任

5．害怕结果

6．希望不劳而获

7．缺乏自控力

以下迹象表明你正在冥想：

1．精力充沛

2．努力寻求智慧

3．不再推卸责任

4．集中精力完成任务

5．不再恐惧

6．漠视财富

7．拥有自控力

处于某些时间、地点和状态时，不可能或者很难进行冥想，而其他情况下更容易进行冥想。我们应该了解这些并仔细观察，具体情况如下所示：

不可能进行冥想的时间、地点和状态：

1．进餐时或进餐后

2.享乐之地

3.拥挤之处

4.疾步行走时

5.早上躺在床上时

6.吸烟的时候

7.躺在沙发或床上放松身体或精神时

很难进行冥想的时间、地点和状态：

1.夜晚

2.在装潢奢华的房间

3.坐在柔软、身体可以下陷的椅子上时

4.衣着华丽

5.有人陪伴时

6.身体十分疲惫时

7.进食过饱时

最适合进行冥想的时间、地点和状态：

1.清晨

2.进餐前

3.独处时

4.在室外或者简朴的房间里

5. 坐在硬椅子上

6. 身体强壮、精力充沛时

7. 衣着简单朴素时

据上可得，安逸、奢华、懒惰（滋生幻想）会增加冥想的难度，严重时甚至完全不能进行冥想。而努力、自律和克己（消除幻想）会让冥想功能更为轻松可得。身体也是一样，不能吃得过饱或者过于饥饿，不能穿得过于寒酸或者过于奢华。身体不能过于疲惫，精力和体力要处于最佳状态，因为集中注意力需要充沛的体力和精力。

在冥想的过程中，在头脑中重复一句格言、一句美文或一首好诗往往能更好地唤醒渴望，思想也能获得重生。实际上，准备进行冥想的头脑能够更好地接受这一实践。机械重复没有价值，反而可能会成为阻碍。

重复的词语应该适应个人情况，这样人才能乐于重复，集中精力。如此一来，渴望和专注和谐结合，让人毫不费力地产生冥想。上述种种在进行冥想的早期阶段至关重要，那些想要学会冥想的人应该注意并适当遵守。如果严格遵循这些指导，努力并坚持实践，就一定会在恰当的时机收获纯洁、智慧、福佑与平静，一定会品尝到神圣冥想的甘甜果实。

目标的力量是伟大的

✥

当人们坚定信念，下定决心去完成某事，一股无形的力量会吞没所有低级的思虑，让人们直奔胜利。

思绪分散是弱点，精神集中是力量。破坏意味着分散，保存意味着联合。事物和思想十分强大，那是因为它们的组成部分稳稳地、合理地集中在一起。目标就是高度集中的思想。

人的所有精力集中以达成目标，横亘在思考者和目标之间的障碍被一个接一个地打破并克服。目标是成就宫殿的基石。它让组成部分成为一个牢固的整体，否则就是一盘散沙，毫无用处。

空洞的奇思、短暂的幻想、笼统的渴望、摇摆不定的决心根本不是目标。当人们坚定信念，下定决心去完成某事，一股无形的力量会吞没所有低级的思虑，让人们直奔胜利。

所有成功人士都有目标。他们坚持一个观念、计划和方案，绝不轻易放弃它们。他们会珍惜它，保护它，照料它，培育它。遇到困难他们不会轻易投降。事实上，遇到的困难越是棘手，目标的力量越是强大。

影响人类命运的人胸怀远大目标。就像罗马人铺设道路，他们沿着既定的路线，即使遇到折磨和死亡，也绝不改变路线。一个种族的伟大领袖是精神的筑路人，人们沿着筑路人披荆斩棘开辟出的智慧和精神之路前行。

目标的力量是伟大的。要想知道何种伟大，可以研究那些塑造民族未来、影响世界命运的伟人的一生。从亚历山大、恺撒和拿破仑身上，我们可以看到目标影响世界和个人的轨道，发挥了巨大作用。通过研究孔子、佛陀和耶稣，我们知道神圣而超越个人的目标蕴含着巨大能量。

目标与智力相匹配，两者的高低程度协调一致。伟大的头脑总是拥有远大目标，而低智的人往往没有目标，漫无目的的头脑不会取得进步。

有什么可以抵挡坚若磐石的目标？有什么能够与之对抗或推翻它呢？惰性屈服于活力，而环境则屈从于目标的力量。确实，怀有不正当目标的人会达到目的，但同时也导致自身的毁灭；而怀有正当目标的人永远立于不败之地，他只需要每天更新能量，坚定自己的决心去达成目标。

软弱的人遭受误解，因而满肚苦水，不会有什么非凡成就；愚蠢的人为了取悦他人、得到认可而偏离自己的决心，也不会成就一番大事；三心二意的人总想着妥协，也注定一事无成。

目标坚定的人无论遭人误解或恶意诽谤，无论受人阿谀或是被人泼冷水，他的决心不会动摇丝毫。只有这样的人才会取得卓越成就，获得成功、伟大和力量。

障碍激励着胸怀目标的人，困难鼓励他再接再厉，错误、损失、痛苦不会压垮他。在他看来，失败是成功之母，因为他始终坚信自己会达成目标。

透过笼罩四野的深夜，

我看见层层无底的黑暗。

感谢上帝曾赐我，

不可征服的灵魂。

就算被地狱紧紧攥住，

我不会畏缩，也不会惊叫。

经受过一浪又一浪的打击，

我满头鲜血却仍不低头。

无论我将穿过的那扇门有多窄，

无论我将肩承怎样的责罚。

我是命运的主宰，

我是灵魂的统帅。

达成目标的喜悦

✥

目标的完成总会让人心生喜悦。完成一项任务或一份工作，人们总会感到放松和满足。爱默生曾说过："当一个人完成了一份工作，他总会感到轻松愉悦。"无论工作的意义是轻是重，全心全意投入精力去完成，总会带来内心的喜悦和安宁。

在所有可悲的人当中，最可悲的当属逃避工作者。他们企图通过逃避职责和任务来享受安逸和快乐，最后也付出了劳作的艰辛代价。他们的内心永远惴惴不安，心绪不宁，背负着内在羞愧的负担，丢失了刚毅和自尊。

"一个人如果有能力而不去承担与之匹配的工作，那就让他任意堕落吧。"卡莱尔说。这是一条道德法则，逃避责任和不尽力去工作的人终究会堕落，这种堕落始于品格，最终会蔓延到身体和外部环境。生活和行动是相互关联的，一个人一旦拒绝奋斗，他的肉体或精神就会衰败。

另一方面，竭尽全力的人的生活会更具活力，他们克服困难，头脑或肌肉经历辛劳去完成任务。

当孩子长时间付出辛劳，终于掌握一门知识时，他的内心是多么快乐！运动员经过数月甚至数年的艰苦训练，身体变得更加健康、更有力量。当他捧着奖牌凯旋，他的朋友们也会分享他的喜悦。经过多年艰苦卓绝的努力后，学者享受知识带来的力量和喜悦。商人历经困难，最终会享受快乐和成功。园艺家在贫瘠的土壤上辛勤耕耘，最后品尝到自己的劳动果实。

所有成就，即使是物质成就，也会得到相应的喜悦回报。而精神层面的目标实现必定会引发内心的喜悦。这种喜悦是发自内心的喜悦（这种喜悦妙不可言），经历过无数次失败的尝试之后，性格中的顽疾被根除，不再烦扰受害者和这个世界。

追求美德的人致力于塑造高贵品格的神圣目标，每一次征服自我都会品尝到喜悦，这种喜悦会逐渐成为他灵魂的一部分。

人的一生是一个奋斗史，内在和外在都有一些需要抗争的事情。人的一生会取得一系列努力和成就，是否能成为一个有用的人取决于他是否有能力战胜美德和内在真理的敌人。

人渴望更上一层楼，不断追求更美好、更伟大、更高的成就。如果他始终能为渴望而努力，快乐就会伴随着他并助他一臂之力。因为他渴望去学习、去了解，并且会付出努力去实现目标，快乐会在他的内心歌唱。

人一开始追求微小的目标，之后会追求越来越宏伟的目标。最后，他会竭尽全力追求真理，成功之后他就会找到永恒的快乐。

生活以奋斗为代价，奋斗的极致就是成就，成就的回馈是快乐。那些奋力与自我中心抗争的人会受到福佑，他们将会品尝到达成目标带来的快乐。

后记 詹姆斯·艾伦是谁？

詹姆斯·艾伦是个谜。他的充满睿智的传世名著《原因与结果的法则Ⅰ：一个男人的沉思》百余年来给了无数人以巨大的影响，但是时至今日他的名字却仍然鲜有人知。

他创作的19本书在他的居住地英国的伊尔弗莱孔布找不到任何线索。我们找不到他的名字，就连英国国会图书馆、大英博物馆也没有他的丝毫记述。

一个坚信思想的力量，坚信思想能带来名誉、幸运甚至幸福的人，他到底是个什么样的人？

他的思想能够帮助他人，但是却没能拯救自己吗？

或者他就如亨利·戴维·梭罗[1]所说的，他是个"标新立异"的人吗？

---

1 亨利·戴维·梭罗：（1817—1862），美国作家、哲学家。

　　詹姆斯·艾伦没有得到名声与运气，这是确切无疑的。他是一个行事低调、未能得到喝彩的天才。他依靠写作所获得的稿费不能满足日常的家用。但是他无须为自己在英国以外的著作权而烦恼，而且他原本就希望他的著作流布世界，因此《原因与结果的法则Ⅰ：一个男人的沉思》能够在世界各地出版堪称幸事。

　　艾伦 1864 年 11 月 28 日出生在英格兰的莱斯特。他出生后不久，家道中落，1879 年父亲为了挽回商业失败而远渡美国。原本一家人能够在美国团聚，但是在全家移民之前父亲惨遭强盗杀害。家庭的经济危机使得艾伦 15 岁时不得不放弃学业，但是他仍然谋得了一个秘书职位。在他决定专心于创作活动的 1902 年之前，他以秘书的身份辗转就职于数家英国的制造厂商。

　　遗憾的是，艾伦的创作生涯非常短暂，到他 1912 年去世只持续了 9 年时间。在此期间，他创作了 19 本书，每本著作都内容丰富而又激情洋溢。他仿佛专为激励后世而活。

艾伦在写了第一本书《从贫穷到权力》之后，举家移居到英国西南海岸的伊尔弗莱孔布。这里起伏的山丘、蜿蜒的小路，以及海岸边鳞次栉比的洋溢着维多利亚时代风情的旅馆，都为艾伦的哲学思考提供了幽静的环境。

《原因与结果的法则 I：一个男人的沉思》是艾伦的第二本书。尽管这本书出版后获得了经久不衰的如潮好评，但是艾伦仍不满意。原因是他没有从这本最具雄辩力、最完美地表达了他思想的作品中找到自我价值。这本书的出版还是在艾伦的妻子莉莉的劝说下才得以实现。

詹姆斯·艾伦对俄罗斯伟大的作家、神秘主义者列夫·托尔斯泰[1]所描述的理想生活——安于清贫，通过肉体劳动和禁欲来锻炼自身——向往不已。他也像托尔斯泰一样，努力改善自身，期望学到所有的美德以获得幸福。

1　列夫·托尔斯泰：(1828—1910)，俄罗斯伟大的作家。代表作有《战争与和平》《安娜·卡列尼娜》等。

据艾伦的妻子说，艾伦"在获得某种灵感时写书，但那些灵感只有他沉浸在自己的生活中，并且感到满足时才会出现"。

他在伊尔弗莱孔布的一天是从黎明前的散步开始的。他会步行到可以俯瞰到自家与大海的山丘顶上，在那里让自己沉浸于冥想之中，一个小时之后他回到家中开始晨间创作。下午的时间会奉献给他喜欢的园艺和娱乐，傍晚的时光则花费在与对他作品感兴趣的人的对话当中。

有一个朋友这样形容艾伦："他就像个基督徒，身材瘦削，海风吹拂他的黑发，看上去弱不禁风。"这位朋友还这样写道："尤其是黄昏时，他那身天鹅绒西装的装扮令人印象深刻。""他面对我们几个人娓娓而谈。他跟我们谈英国人、法国人、奥地利人、印度人，也跟我们谈冥想、哲学、托尔斯泰和释迦牟尼[1]，他还告诉我们不能杀生——哪怕是庭院里的一只老鼠。""他的容貌，他的温和的谈话方式，尤其是每

　　1　释迦牟尼：（公元前 565—公元前 486 ），佛教的鼻祖。

天黎明前到那座山丘上与上帝的对话，这些都让我们对他敬服不已。"

詹姆斯·艾伦的哲学思想只有在自由新教抛弃了"人生来就罪孽深重"的严格教义之后才成为可能。这个教义被人与生俱来的善良与根植于理性的乐观信仰所取代。

威廉·詹姆斯[1]评价说，这个教义的逆转是19世纪最为伟大的革命。这也促成了查尔斯·达尔文[2]《物种起源》的出版以及后来的科学与宗教的调和。

达尔文在他的著作《人类起源和性选择》中提及这一变化。他写道："道德文明的最高阶段就是我们承认必须控制自己的思想的时刻。"

艾伦的作品一方面将新教徒的自由主义影响具体化，另一方面也把佛教思想的影响具体化了。比如释迦牟尼说："我们现今所有的都是我们思想的结

1　威廉·詹姆斯：(1842—1910)，美国哲学家、心理学家。主要著作有《心理学原则》《信仰的力量》等。

2　查尔斯·达尔文：(1809—1882)，英国生物学家。代表作有《物种起源》等。

果。"而艾伦在本书中也说："你的思想决定你的现在和未来。"

艾伦强烈主张人在形成自己的性格、创造自己的幸福时需要自身的力量。他说："思想与性格是一体的，而且人的性格是通过周围的环境与境遇显现出来的。因此，一个人生活的外部环境总是与他的内心状况相关联，相互协调。这并不意味着这个人的环境总是代表着他的全部性格，但这些环境的生成却是与他培养起来的思想紧密关联。环境在一个人的成长过程中不可或缺。"

艾伦让我们思考——即便是当我们想干点别的事的时候。他告诉我们思想是如何与行为结合的，他也告诉我们梦想是如何变成现实的。他的思想就是哲学，一门引导数百万人走向成功的哲学。

艾伦这样写道："当我们怀抱冒险之心时，当我们发现所有生命的同一性时，当我们知道冥想的力量时，当我们亲历与自然的亲密关系时，我们的精神就会变得富有。"

艾伦的思想让我们在喧嚣混乱中抱有希望。他说："人因为内心汹涌的感情而骚动不宁，因为难以抑制的悲伤而垂头丧气，因为忧虑猜忌而饱受煎熬。只有能够控制自我、聪明平和的人才能驯服灵魂的暴风骤雨。"

艾伦又说："当暴风雨侵蚀你的灵魂时，无论你身在何处，也无论你身处何境，你都要知道：人生的大海终有理想的彼岸，那里阳光灿烂，幸福的岛屿在向你微笑招手……"

艾伦教给了我们两个真理。那就是：我们今天正是站在我们思想所带来的地点。而且，我们——不论好与坏——都是自己未来的设计师。

图书在版编目（CIP）数据

原因与结果的法则. I，一个男人的沉思 /（英）詹姆斯·艾伦 著；
珞珈人，李淑华 译. — 北京：东方出版社，2021.11
书名原文：As a man thinketh
ISBN 978-7-5207-1852-3

Ⅰ.①原… Ⅱ.①詹… ②珞… ③李… Ⅲ.①男性 –
成功心理 – 通俗读物 Ⅳ.① B848.4-49

中国版本图书馆 CIP 数据核字（2021）第 215627 号

原因与结果的法则 Ⅰ：一个男人的沉思
（YUANYIN YU JIEGUO DE FAZE Ⅰ：YI GE NANREN DE CHENSI）

作 者：	[英]詹姆斯·艾伦	
译 者：	珞珈人　李淑华	
策 划：	吴常春	
责任编辑：	王夕月　杨 灿	
责任审校：	孟昭勤	
出 版：	东方出版社	
发 行：	人民东方出版传媒有限公司	
地 址：	北京市西城区北三环中路 6 号	
邮 编：	100120	
印 刷：	北京联兴盛业印刷股份有限公司	
版 次：	2021 年 11 月第 1 版	
印 次：	2021 年 11 月第 1 次印刷	
开 本：	710 毫米 ×960 毫米　1/32	
印 张：	6.125	
字 数：	86 千字	
书 号：	ISBN 978-7-5207-1852-3	
定 价：	48.00 元	

发行电话：（010）85924663　85924644　85924641